水をめぐる
政策科学

仲上健一 著

POLICY SCIENCE
SURROUND THE WATER

法律文化社

はじめに

　20世紀が開発・経済中心主義の「石油の世紀」であったのに対して、21世紀は環境・社会共存を目指す「水の世紀」である。地球環境問題・民族紛争をはじめとする現代のさまざまな危機を解決する最大の鍵の一つは水問題の解決であるともいえる。人口、食糧、環境、資源、エネルギー、生活、産業、文化等々のあらゆる人間活動連鎖系におけるキーファクターとしての水の重要性が再認識されている。

　人類の生存そのものが水と切り離すことができないと同時に、水は社会的存在でもある。1980年11月の国連総会において、1981年～1990年を「国際飲料水供給と衛生の10ヶ年」と決定し、発展途上国を中心に、水道の普及、衛生サービスの向上が図られた。先進工業国における大量消費様式に起因した水問題の性格とはあまりにもかけ離れた発展途上国の非衛生的な水問題は厳然として存在し、このことが貧困問題、人権問題、生存問題の根幹をなす。

　2003年3月に京都・滋賀・大阪で開催された第3回世界水フォーラムでは、国際的水政策の転換点となる水の市場化・民営化、水の安全保障が本格的に議論された。水の安全保障において最も重要な理念は、生活システム、農業システム、都市システムにおいて水と社会との「断絶」を許さないということである。この「断絶」を防ぐためには、持続可能な水政策と国際水協力を通じて水の安全保障が構築されなければならない。

　2007年12月には大分県別府市で第1回アジア太平洋水フォーラムが開催され、アジア太平洋地域の49ヶ国・地域の首脳および各国政府水担当関係者がアジア太平洋地域の今日および未来の水問題について議論した。第6回世界水フォーラム（2012年、フランス・マルセイユ）は大会テーマを「Time for Solutions 解決の時」と設定し、すべての人の水や衛生施設へのアクセス、気候変動への水への影響、食料と水など、世界における水をめぐる諸問題の解決に向けて真剣な議論が展開された。

2000年に採択されたMDGs（ミレニアム開発目標）の後継として、2015年9月の国連サミットで採択された「持続可能な開発のための2030アジェンダ」において2016年から2030年までの国際目標を目指す新たなSDGs（持続可能な開発目標）が採択された。SDGsは17のゴールと169のターゲットを全世界が取り組むことによって『誰も取り残されない』世界を実現しようという理念である。SDGsのゴール6「すべての人々に水と衛生へのアクセスと持続可能な管理を確保する」においては、水政策に関する課題が設定されている。

持続可能な水政策と国際水協力のあり方を考究し、アジア太平洋地域の水の安全保障の理論的・実証的研究の推進は、今日の水政策の最重要課題である。

本書は、立命館大学第2期拠点形成型R-GIRO研究プログラムプロジェクト「水再生循環によるアジアの水資源開発研究拠点」（代表：立命館大学サステイナビリティ学研究センター上席研究員・日越大学中島淳教授）および私立大学戦略的研究基盤形成支援事業「水再生循環によるアジアの水資源開発研究拠点形成」（代表：立命館大学理工学部近本智行教授）における著者の担当分野「水再生循環の地域マネジメントと水資源環境政策」の研究成果をまとめたものである。

本研究の目標は、「世界が直面する水問題を緩和し、将来にわたって持続可能な水の供給を実現することを目指し、水の再生・再利用による新しい水循環系を創出しようとしています。研究では、水再生技術や水循環システムのイノベーションを中心に据えながら、再生した水を建築の環境設備や景観デザインとして再利用する方策を探究し、また処理過程で発生する汚泥や廃棄物を再生利用させる道筋も検討します。さらに地域マネジメントや政策をも統合することで、さまざまな政治・社会・経済状況の国や地域に実装可能な水環境システムを提案します。」である。

著者は水と地域マネジメント政策科学研究を通じ、水再生循環システムを地域に展開するための社会的実装の視点を導入し、統合的な水ビジネスモデルの構築を目指した。

世界の水ビジネス市場は2007年で36.2兆円にのぼり、2025年には85.6兆円（"Global Water Market 2008"、経済産業省）にまで成長すると予測され、中でも焦点となるのが、水の再生・再利用である。再生水処理ビジネス市場は、2007年

から2025年までの18年間で0.1兆円から2.1兆円へと約21倍も伸びると予想されている。そうした水再生ビジネスの中心になると目されているのが、産業の発展著しいアジア太平洋地域である。国策としても、水ビジネスの海外展開を積極的に支援する必要性が唱えられており（水ビジネス国際展開研究会報告書、経済産業省）、すでに多くの企業や地方自治体が、アジア各国で水ビジネスに参入している。しかし大企業や自治体による水インフラシステムの輸出が進む一方で、課題も浮かび上がってきた。最大の問題は、最新鋭の高度な技術に裏づけられた日本製の水インフラでは、コストが高く導入が難しいこと、また現地の技術者が圧倒的に不足しているために、たとえ導入できたとしても、それを持続可能なシステムとして根づかせるのが難しいのが現実である。今後必要なのは、技術やシステムといったハードのみならず、それらを各国・地域に適用させるための政策研究や地域マネジメントが必要である。

　本書では、サステイナブル社会の実現のために、今日の水危機の現実を踏まえた水の安全保障を考究するために、世界の水問題と日本の対外戦略の課題を整理した。とりわけ、水ビジネスの国際的潮流と日本の対応において注目されるヨーロッパの水道事業の再公営化および、日本の水道事業・下水道事業の民営化・広域化における政策科学的分析を行った。さらに、琵琶湖を軸とした湖沼環境保全政策と地方創生の課題について検討するとともに、バイカル湖・ラグナ湖・琵琶湖の湖沼環境政策について国際比較分析を行った。

　中国における水問題として、水質問題解決のための MBR 法（膜分離活性汚泥法）に焦点を当て、日本水処理膜メーカーの事業展開過程の課題を抽出した。さらに、節水型都市構築のための国際水安全協力事業として福岡市と鄭州市の節水型社会構築および中国上海の崇明島における水再生循環の地域マネジメントを水管理の視点で政策科学的分析を行った。

　中国の事例研究ならびに琵琶湖環境保全の国際比較研究により、水再生循環システムの地域マネジメントと水資源環境政策のあり方を示した。

目　　次

はじめに

1 サステイナブル社会と水 ································· 1

1.1　サステイナブル社会の構想　1

1.2　サステイナブル社会におけるローカルとグローバル　3

1.3　水危機と水の安全保障　4

1.4　水の安全保障の構築　5

1.5　水の安全保障とサステイナビリティ評価　7

2 世界の水問題と日本の対外戦略 ···················· 13

2.1　現代の水問題の諸相　13

2.2　世界の水問題解決への挑戦　17

2.3　「『命のための水』国際の10年」の系譜　19

2.4　世界の水問題と日本の対外戦略　27

3 水ビジネスの国際的潮流と日本の対応 ············· 35

3.1　SDGsと水ビジネス　35

3.2　水ビジネス市場　36

3.3　ヨーロッパの水道民営化の現状と教訓　38

3.4　日本の水ビジネスとアジア展開の意味　40

3.5　ま と め　42

4 水道・下水道事業の民営化・広域化 ··············· 45

4.1　水道事業の民営化　45

4.2　水道・下水道事業の広域化　51

4.3　広域化の対抗策としての住民のための「命の水」　56

5 地方創生と湖沼環境保全政策 ……………………………59

- 5.1 地方創生と琵琶湖総合開発事業　59
- 5.2 ポスト琵琶湖総合開発事業と関西都市圏の整備の展開　64
- 5.3 湖沼環境保全と持続可能な地域開発政策　69
- 5.4 おわりに　78

6 中国の水問題と国際水環境協力 ……………………………81

- 6.1 アジアにおける水ビジネス　81
- 6.2 中国の水問題と水政策　82
- 6.3 中国の水ビジネス市場　83
- 6.4 日本の水処理技術の動向　85
- 6.5 中国における日本水処理膜メーカーの事業展開過程　87
- 6.6 中国市場進出における日本水処理膜メーカーの事業展開と課題　91
- 6.7 節水型都市構築のための国際水安全協力事業の展望　96
- 6.8 中国・崇明島の生態系モデル都市と水管理　104

1 サステイナブル社会と水

1.1 サステイナブル社会の構想

　ドイツのザクセン州は、18世紀初頭急激な鉱業開発により人々の生活環境は脅威にさらされていた。それは、鉱業拡大に起因する燃料目的とした森林消失であり、この劇的な自然環境変化が人々の生活環境を破壊し、その解決策が求められていた。Hans Carl von Carlowitz は、現状の深刻さとともにその原因をつぶさに調査し、その問題の背景にある社会経済的状況を考察し、森林破壊問題を通じて、森林の保全の重要性の概念を構築し、サステイナビリティに関する歴史的な著書 "Sylvicultura Oeconomica oder Anweisung zur wilden Baum-Zucht（森林経済または無謀な森林伐採への警告）" を1713年に出版した[1]。著書では、森林が再び成長できる程度に材木の利用を許すならば、森林の保全を再生する能力が維持され、その結果として森林破壊は起こらないし、保全されるであろうという画期的な考え方を提案した[1]。この思想は、今日のサステイナビリティ学の原点ともいえよう。すなわち、「サステイナブル社会」の知の源泉をここに見ることができる。300年たった今日においても森林保全問題は解決したわけではないが、さらに複雑な地球環境危機が現実化した今日において効果的なサステイナブル社会の構築が求められる。

　開発・経済効率志向の政策マインドを転換し、安心・安全なサステイナブル社会を構築するためには、現状の厳しい局面を直視し、後悔しない政策を確実に実行するための政策能力が求められる。サステイナブル社会の意義を確認するとともに、その理念・行動指針を明確にし、かつ実現可能性を保障できる政策の実施が真剣に問われつつある。

　「サステイナブル社会」を展望するときに、現在の地球環境および社会経済

状況をどのように見るかが重要な視点である。地球環境の激変、経済のグローバリゼーションの加速による社会・経済システムの激変、民族紛争の激化、格差社会の固定化による人間関係の複雑化等の諸事象は、我々の明日への生きる希望を失いかける要素であり、その深刻さは日に日に大きくなり、かつ複雑になっている。人類の危機は、これまで度々存在してきたし、これからもありうるであろう。人類は危機に遭遇し、甚大な被害を経験する中で、何らかの社会的合意を得ながら解決策を模索することにより生きながら得てきた。

　今日の世界はさまざまな戦後復興方策として構築された経済システム・社会システム・行政システム・国際協調システムを基盤として繁栄の基礎をつくってきた。国連、国際標準化機構（ISO）、世界貿易機関（WTO）等々の国際機関や世界標準システムに依拠して、それらを集約的にまとめて新たな意思決定合意システムを構築してきた。これが、今日の世界経済の繁栄の礎となったことは否めない。

　今日においては、国連システムのもとでの世界平和秩序を構築することには限界があるともいわれており、さらには政府開発援助が本来の目的とは異なり、さらに南北格差が拡大したことも事実である。特に、21世紀になってから、アメリカ・ヨーロッパでは多くの難民・失業者が生み出され、格差社会がかつてないほど現実化した。これらの諸要素を構造的に解決するためには、対抗概念としてのサステイナブル社会を実現することが求められる。

　四大文明に見られるように人類の生命の基盤を支えてきた農耕社会は社会システムを定常状態に維持・調節することで「サステイナブル社会」を何千年にわたって実現してきた。人口・耕地面積を一定にし、天候に対して適応することにより、一定の収穫量を確保することにより村落共同体を維持してきた。伝統的な体制を固定しようとする力と、堅牢な社会システムを変革しようとする力の均衡が、外力のみならず内発的にも起こってきたのである。すなわち、国際的にも、国内的にも地域社会の限界を認識し、多様化の価値について認めざるを得ない状況が発生してきたのである。換言すれば、「固定化によるサステイナブル社会」の維持でなく、「変化に対応するサステイナブル社会」の創造が希求されつつある。

サステイナブル社会を構築するためには、未来への社会的構想力とともに、技術的構想力をも必要とするであろう。個々の政策を決定する意思決定のレベルから、将来にわたって影響を及ぼし、かつ二度と覆すことのできない戦略的意思決定が求められる。

サステイナブル・ディベロップメント（持続可能な開発）とは、「①生態系の保全など自然条件の範囲内での環境の利用、②世代間の公平、③南北間の公平や貧困の克服」とされ、その定義が今日でも議論されているように、サステイナブル社会についての定式化された規定は存在しない。[2]しかしながら、サステイナブル社会の目標は、環境利用の限界性、刹那的な行動の制約、社会的正義の実現と整理できる。

サステイナブル社会を創造する態度とは、「未来の事実を予測するのではなく、未来を創る潜在力を探ろうとする」という価値観である。未来社会の有り様についても、傾向を予測する方式から、未来のシナリオをどのような戦略に基づいて描くかによって社会を形成することが可能であるという思考である。高度情報社会の行動様式の原理は、「可能性」の見極めとすることができる。すなわち、これまでの経験や蓄積に基づいて、どの程度まで成長できるかという「可能性」を予測するだけでなく、その可能性を根本的に高める技術革新や思考パラダイムの転換をも「可能性」の要素として包含することであろう。

サステイナブル社会においては、これまでの我々が経過してきた、「狩猟社会」、「農耕社会」、「工業社会」、「商業社会」、「情報社会」における行動規範を包含しつつも、新たなる地平にその目標を見出さなければならない。

1.2 サステイナブル社会におけるローカルとグローバル

サステイナブル社会におけるローカル・サステイナビリティとは、限定的な領域における資源や営為による解決可能性、不可能性を峻別することから始まる。この源流は、公害問題から環境問題への転換期に問われた発想である。加害者と被害者の関係が明確に限定することが可能な社会問題として公害問題が世に問われたとき、環境問題の曖昧さが指摘された。しかし、公害という具体

的な被害とかつ因果関係が存在する問題以外にも、地域においても我々の生存
と関係する地球環境問題の影響が認識され始めていた。そこでは、ローカルに
おいて、公害問題の深刻さが問われ、もし解決しなければ、地域そのものが存
続しなくなるという認識があった。企業と地域住民という対立構造の中で解決
を求めるべき公害問題においては、国家・地方自治体の行政的関与は大きな意
味を持ってきた。しかしながら、地域固有な公害問題の解決だけでは、地域の
サステイナビリティは保障されない。公害問題を解決するとともに、地域の利
便性・安全性・快適性を高めることの重要性が並行して認識されたのである。
ローカル・サステイナビリティをどのように考えるかは、「崩壊する地域」の
問題において単に公害だけでなく、社会・経済・文化そして固有の歴史までが
自滅しつつあった現実をどのように見るかによる。

　一方、グローバル・サステイナビリティの対象である地球規模の諸課題を解
決しなければ、人類のみならず、多くの生物の種の絶滅の危惧がある。そのた
めには、国際協力という視点のみならず、地球公共財としての認識とその維持
保全が必要である。地球システムを再構築し、相互関係を修復する方策とヴィ
ジョンの提示するための価値観としては、「創造的態度」すなわち、「未来の事
実を予測するのではなく、未来を創る潜在力を探ろうとする」という価値観に
よる展望作りが必要である。この「創造的態度」においては、高度情報社会に
おける行動様式の基本である「可能性」の発掘にある。

1.3　水危機と水の安全保障

　21世紀に入り、急速に水を起因とする諸現象が深刻な社会的な課題として注
目を浴び、記録的な豪雨の常態化や極限災害の頻発、一方では渇水現象の恒常
化、そして水質汚染被害の広域化がますます顕著になってきた。現在、世界の
約7億人が、水不足の状況で生活を余儀なくされ、不衛生な水しか得られない
ために毎日4900人（年間約180万人）の子どもたちが亡くなるという現実が存在
する。[3] 命の水を誰が守るのかという人道的課題に対して、国連ではさまざまな
取り組みが展開されてきたが、大きな成果を得るには至ってないのが実情であ

る。

　今日の水政策を構想するとき、政策科学の視点でホリスティックに問題解決の糸口を探すことが重要である。このことを通じて、水の安全保障を基盤としたサステイナブル社会の設計の指針を見出すことが今求められている。

　水危機という厳しい現実に対抗する概念である水の安全保障を確立しようという政治的意思がここに見られる。命の水、生活の水、都市・産業を支える水、地球環境としての水が世界の各地において危機的な状況にある。それは、循環資源としての水が地球温暖化・酸性雨・砂漠化の影響を受け、水量・水質とも危険な水準に達している。水資源の確保や水環境の保全に対して、20世紀は技術により対処してきた。21世紀は水危機に対して、技術的・社会的・国際的・地球的な視点での水の安全保障戦略的な取り組みが求められる。

　水の安全保障は、持続可能な水資源開発と国際環境協力と深い関係にある。それは、水問題が、水循環という水文学的視点や「人と水文化」という地域社会学的視点だけでは十分に全体をとらえることができない。水資源開発、水環境保全から水の安全保障へと概念を拡張することにより、「商品化する水」、「市場化する水」、「対立する水」といった21世紀の先鋭的で新たな課題を斬新な政策的フレームワークで整理することが可能となるであろう。水の安全保障は、日本国内にとどまらず、アジア太平洋地域における持続可能な水政策をも展望する。それは、日本経済社会がもはや一国では成り立たず、成長著しいアジア諸国との協調と連帯によってのみ成り立つからである。そのためには、水の安全保障を軸とした国際環境協力のあり方をも考察しなければならないであろう。

1.4　水の安全保障の構築

　東日本大震災（2011年3月11日）の地震・津波・原発事故においても、水の脅威、重要性が改めて注目された。我々に災害をもたらす水が、命の水、そしてあるべき水へと変化する中で、人々の水への認識が大きく変化しつつある。今日の水危機の問題性を的確に指摘するためには、危機に至った背景の複雑性に

ついて正確にかつ包括的に理解し、問題解決の手段としては、従来の問題解決型の対応策のみでは不十分であり、地球温暖化による影響を視野に入れた緩和策のみならず適応策を戦略的な視野で模索することが重要である。水の安全保障の目指すところは、生活様式、都市構造において水システムの断絶を回避することである。この断絶の規模は気候変動により従来の想定範囲を大きく超えつつある。農業用水に代表される伝統的な水利用システム、そして工業用水・都市用水の拡大する需要に対応してきたこれまでの水資源開発事業をめぐっての社会的環境が大きく転換する中で、第三の道が模索されつつある。気候変動による水資源環境への影響が従来の想定の範囲を超えつつある中で、戦略的な適応策を実施し、持続可能な発展を希求する人類の共通の願いを叶えるための水の安全保障を構築することが求められる。

『人間開発報告書2006 —水危機神話を越えて：水資源をめぐる権力闘争と貧困、グローバルな課題—』[3]が世界の水問題の現状の厳しさを指摘している。報告書では、第一の課題「生命を維持するための水」として、「安全な水の供給、排水の除去、衛生設備の提供」、第二の課題「生活手段としての水」として、「国内ならびに諸国間で共有される生産資源としての水に焦点を当て、水を公平かつ効率的に管理するにあたり、多くの政府が直面している大きな課題」に焦点を当てている。本報告書は、これまでの水危機神話に与せず、「グローバルな水危機の中心にある欠乏とは、利用できる水の物理的な量ではなく、権力、貧困、不平等に根ざすものであるといえる。」という視点が特徴である。すなわち、「安全な水と衛生設備の利用には著しい不平等」が存在することを強調している。

報告書では、「アジア、ラテンアメリカ、サハラ以南アフリカの都市部の高所得地域では、住民は公共の水道会社が低料金で供給する水を、1日当たり数百リットル利用することができる。一方で、同じ国のスラム住民や農村地域の貧しい世帯が利用できる水の量は、人間の最も基本的なニーズを満たすために必要な、1日1人当たり20リットルという水準を大きく下回っている。さらに、女性と女の子は、水を汲むために時間と教育を犠牲にするため、二重の不利益を被っている。」と、先進工業国と発展途上国という従来型の対立だけで

なく、発展途上国内における格差の拡大が深刻になりつつあることを指摘している。報告書では、さらに「世界には、生活用、農業用、工業用のいずれにおいても十分過ぎる量の水がある。問題は、特に貧困層をはじめとする一部の人々が、貧困、生命を維持するための、そして生活手段としての水を供給するインフラの利用を制限する公共政策、あるいは限られた法的権利によって、組織的に排除されている点にある。」と水問題が社会問題、さらには政治問題であると強調する。このような新しくてかつ厳しい水をめぐる問題を考える枠組みとして、水の安全保障という考え方が提案された。報告書では「水の安全保障」を次のように定義した。「水の安全保障とは、すべての人が健康で、尊厳を保ち、生産的な生活を送るために、安全な水を手ごろな料金で十分に入手することができることであり、水を供給すると同時に水に依存している生態系を維持することに関わっている。これらの条件が満たされないとき、または水の利用が途絶えるとき、人は健康の悪化や家計の崩壊を通じて、深刻な人間の安全保障のリスクに直面する。」

水問題を考えるときに、水の安全保障とは何かを検討することが、今後ますます重要になるであろう。

1.5 水の安全保障とサステイナビリティ評価

水の安全保障を設計するためには、水資源開発事業の構想・計画・建設・運営・維持管理の段階における適正な評価が必要である。

水資源開発事業の目的は、「水資源の開発又は利用のための施設の改築等及び水資源開発施設等の管理等を行うことにより、産業の発展及び人口の集中に伴い用水を必要とする地域に対する水の安定的な供給の確保を図るなど。[4]」と規定されている。今日の日本における事業評価においては、この定義に基づいて、事業評価の項目として、「広く国民のニーズがあり、優先度が高い事業であるか」と国民の利益という視点での事業評価が重視されている。国土交通省の事業評価は、新規事業採択時評価（新規事業の採択時において、費用対効果分析を含めた事業評価を行うもの）、再評価（事業採択後一定期間が経過した時点で未着工

の事業、事業採択後長期間が経過した時点で継続中の事業等について再評価を行い、必要に応じて見直しを行うほか、事業の継続が適当と認められない場合には事業を中止するもの）、完了後の事業評価（事業完了後に、事業の効果、環境への影響等の確認を行い、必要に応じて適切な改善措置、同種事業の計画・調査のあり方等を検討するもの）に類型される[5]。評価内容は、費用対効果分析を含む総合的な評価に基づいたものであるが、時の政治状況に大きく左右されることもある。水資源開発事業が事業構想段階から、計画、施工、運用、維持管理、廃棄の段階まで長期間にわたるものであるため、水資源開発事業単体の短期的な評価だけでは総体としての水資源開発事業の評価することは困難である。

21世紀に入り、気候変動に伴う年最大日降水量の変化が現在の治水安全度の推定方式の変更を余儀なくしつつある[6]。一方、政府主導で行われてきた水資源開発事業も、1997年5月28日に成立した、「河川法の一部を改正する法律案」により、その目的に「河川環境の整備と保全」を加え、地域の意向を反映した河川整備計画を導入することが明記された[7]。この改正は、1896年の旧河川法の制定以来100年ぶりの改定であり、また水資源開発事業のあり方をめぐっての大転換ともいえよう。河川管理の目的として、「治水」、「利水」に加え、「河川環境」をいれ、さらに河川管理の社会的合意のあり方として、「地域の意向を反映」するという考え方は、今後100年においても不変であろう。そのように想定した場合は、水資源開発事業の評価方式も、今日の評価方式から、新たな評価方式を模索する必要がある。水資源開発事業が構想段階から終了段階まで100年を超す現実を見た場合、地域社会の変容および地球環境の激変を踏まえたサステイナビリティ評価が求められる。

「水の安全保障のサステイナビリティ評価」とは、経済、社会、環境にかかる要素を評価指標として選定し、水資源開発事業が何のためにどのような目標のもとに実施するものとなろう。適正なサステイナビリティ評価を行うためには、明確な評価目的が設定されているかが最も重要である。本来、水資源開発事業は、社会的厚生を増大するために、自然を改変し、社会システムを変革してきたものであり、経済、社会、環境の諸要素が常に考慮されるべきものである。

しかしながら、多岐な項目にわたる評価は現実的には困難であり、簡便でか
つ説得力のある評価技法として費用便益分析法が1844年に提案された。費用便
益分析法が提案されてから、175年を経た今日に至るまで、常に評価結果の信
頼性を得るための挑戦が試みられてきた。[8]1973年の米国水資源審議会（WRC：
The US Water Resources Council）では公共事業の環境・社会評価の広がりを背
景しながら、便益として評価する項目に関して、次の4点を考慮すべき要素と
して設定した。すなわち、①国民経済発展、②地域経済発展、③環境質の向
上、④社会福祉の向上である。[9]米国水資源審議会の試みは、個別水資源開発事
業に関する費用便益分析法を拡張するものとして広く認められる段階には至っ
ていないが、経済・社会・環境を便益要素に包摂しようとする試みであり、サ
ステイナビリティ評価の嚆矢とも理解できる。

　Daniel P. Beard アメリカ合衆国開墾局総裁が、国際灌漑排水会議（1994年5
月、ブルガリア・バルマ）で「ダムの時代は終わった」という趣旨の講演で、ア
メリカ合衆国連邦政府の河川政策の根本的転換を公式に発表した。この報告
は、世界的な反響をよぶものであったが、開墾局の主たる事業に限定したもの
であったが「ダムや用水路の建設から、省エネルギーと環境の回復」へと抜本
的な方針転換として流布されるようになった。[10]19世紀から20世紀末において、
農業の発展基盤を支えた灌漑排水の手段としてのダムの役割は終焉を迎えたと
いうことであろう。しかしながら、一方ではダムを代表とする水資源開発事業
を取り巻く社会経済的状況をどのように認識し、公共事業政策をどのように決
定するかという根本問題を提起した点でその意義も大きい。日本においても、
水資源開発政策・河川行政の分野におけるパラダイム転換が、この問題提起に
より始まったともいえよう。

　アメリカ合衆国開墾局が目指す、「ダム建設」から「持続可能な水資源管理」
への政策転換として、「省エネルギーと環境の回復」の理念をどのように理解
し展開するかは、アメリカ政府自身の自己改革のみならず、世界の潮流とも軌
を一にするものである。と同時に、日本の水資源開発事業への影響も想定され
る。[11]

　水資源開発事業の基本理念とされた、「生活水準の向上、経済社会の高度化

に対応した渇水に対する水供給の安全度の向上」の意味を再検討し、現実的に解決策を求めることが必要である。Daniel P. Beard 氏の主張で最も強調されたのが硬直的な大規模水資源開発事業に対抗した新しい代替手段の創出である。経済社会システムの高度化・多様化によって発生した水資源環境問題に対する新たな疑問に対して、旧態以前の方式である「水供給の安全度の向上」を構想・計画根拠とするだけでは、すでに水資源開発計画の世論形成の点でも限界がきており、「社会的合意」を形成することは困難である。すなわち、これらの疑問に答えることなしに、水源地域における補償対策事業を実施することは、確実に現代の水源地域問題・都市問題の矛盾をさらに拡大することは許されないのである。

　水資源開発事業の評価要素として、経済・社会・環境を取り込むことが求められるとともに、その計画プロセスとして、「社会的合意」、「環境配慮」が必須の条件として成立しつつある。「持続可能な水資源管理」における評価手法として、従来の農業生産効率性を追求してきた経済評価から、サステイナビリティ評価への転換と受けとめることができる。
世界ダム委員会は、2000年11月に報告書「ダムと開発」を出した。[12]報告書では、核心価値として、①公正、②有効性、③参加による意思決定、④持続可能性、⑤説明責任が示され、7つの戦略的優先事項として、①住民の同意獲得、②代替案の包括評価、③既存ダムの活用、④河川と生活の維持、⑤権利の認識と利益の配分、⑥実施の確保、⑦平和、開発、安全保障に向けた河川の相互利用が提起された。本報告書に対する評価は、それぞれの立場によって異なるが、21世紀における水資源開発事業の開発理念の指針となるものといえよう。

　第1回国連水会議（1977年3月、マルデルプラタ）では、水資源管理に関する「マルデルプラタ行動計画」（A水資源の評価、B水の利用の効率性、C環境、保護および汚染防止、D政策、計画および管理、E自然災害、F情報提供、教育訓練、G地域協力、H国際協力）が策定された。水資源開発事業にける管理の技法を軸とした技法主義である「マルデルプラタ行動計画」から反省・進化し、水資源開発事業の社会的受容を基本とした理念が整理されたのである。マルデルプラタ行動計画のフレームワークが、それ以降の水資源管理計画策定に関する基本とな

り水政策形成の基礎となったように、世界ダム委員会が提起する核心価値が今後の水資源開発事業において問われるであろう。ここに、従来型の費用便益分析法への疑問視、そして水資源開発事業の大規模ダム事業否定の潮流を基調としてオルターナティブ評価としての「第3の道」を求める動きが加速されるに至った。

サステイナビリティ評価のフレームワークは、水問題解決へのホリスティック・アプローチであるが、その方法と評価基準が明確になっている段階ではない。例えば、水資源開発事業におけるサステイナビリティ評価の視点として、「問題複雑性」、「事業大規模性」、「社会受容性」をどのように評価軸に包摂するかは今後の課題である。

※第1章は、下記の論文に加筆修正したものである。
　仲上健一、「サステイナブル社会の設計と水資源環境政策」、政策科学、Vol. 23、No. 3、2014年3月

【参考文献】
1) Hans Carl von Carlowitz, "Sylvicultura Oeconomica oder Anweisung zur wilden Baum-Zucht", hauswithliche Nachrichit undNature masige Anwesung zur wilden Baum-Zucht, 1713
2) 環境と開発に関する世界委員会編、大来佐武郎監修、環境庁国際環境問題研究会訳、『地球の未来を守るために』、福武書店、1987年
3) 国連開発計画、『人間開発報告書2006—水危機神話を越えて：水資源をめぐる権力闘争と貧困、グローバルな課題—』、2006年
4) 国土交通省、「行政事業レビューシート事業番号107」〈www.mlit.go.jp/common/000123480.pdf〉より
5) 国土交通省、「事業評価の仕組み」〈http://www.mlit.go.jp/tec/hyouka/public/09_public_01.html〉
6) 社会資本整備審議会、「水災害分野における地球温暖化に伴う気候変化への適応策のあり方について（答申）」、平成20年6月
7) 建設省河川局、「河川法の一部を改正する法律」について、平成9年5月〈http://www.mlit.go.jp/river/hourei_tsutatsu/kasen/gaiyou/houritu/9705.html〉
8) Dupuit, Arsène JulesÉtienne Juvénal, "De la mesure de l'utilitédes travaux publics, Annales des ponts et chaussées", Second series, 8., 1884, reprinted in: Kenneth J. Arrow and Tibor Scitovsky, eds., Readings in welfare economics, Richard D. Irwin, Homewood, IL, 1969

9) FEDERAL REGISTER, Vol. 36, No. 245, "WATER RESOURCES COUNCIL" 1971.12.21

10) 大熊孝他、『日本のダムを考える』、岩波ブックレットＮｏ．375、岩波書店、1995年

11) ダニエル・Ｐ・ビアード、「日本の河川管理政策を変える」、2003年12月〈http://www.mm289.com/RPN/1192/biard.html〉

12) World Commission on Dams, "DAMS AND DEVELOPMENT A NEW FRAME-WORK THE REPORT OF THE WORLD COMMISSION ON DAMS", Earthscan Publications Ltd., London and Sterling, VA FOR DECISION, Nov. 2000

2 世界の水問題と日本の対外戦略

2.1 現代の水問題の諸相

　日本水フォーラムは、「地球上の水問題」を「生命、歴史・文化・生活、科学、飲料水・衛生、水関連災害、水環境・生態系、気候変化・気候変動と水、水資源管理、産業と水、水事業、国際河川・越境水、国際社会の動向」と整理している[1]。日本を基軸にしながら国際的戦略という視点で「現代の水問題の諸相」を「生活・産業」「利用・管理」「自然・循環」「国際・アジア」というキーワードで整理しよう（図2-1）。

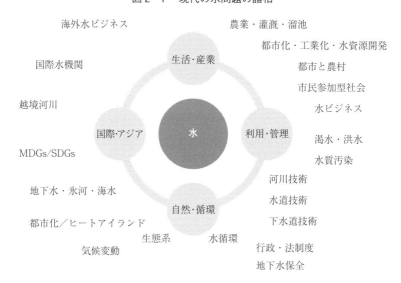

図2-1　現代の水問題の諸相

2.1.1　生活・産業における水の役割

　人々は誕生以来、多くの困難な生存環境を克服しながら水とともに生活してきた。その営為はこれからも続くだろう。そのとき、水に恵まれているかどうかは豊かな自然生態系に依拠するが、その差異により文化・文明も大きく異なる。日本の水文化の源流は、農業・灌漑・溜池にあり、持続可能な生命を維持するために集団で行動を組織する知恵を身に着けてきたのだろう。「森は海の恋人（畠山重篤氏）」という有名な言葉は、日本の歴史的・伝統的な人と水との関わりを示した象徴的かつ人の郷愁をさそう哲学的な言葉だが、そこには人と水の関わりにおいて自然を慈しみ尊厳する先祖の叡智を見ることができる[2]。

　日本の近代化の歴史を振り返ると、明治・大正期になると都市化・工業化が指向され、その基盤が形成され、戦後の高度経済成長期には今日の日本経済の骨格が形成され、一気に道路・港湾・水資源関連施設等のインフラ整備が進んだ。この経済発展過程では数百年続いてきた都市と農村との関係が激変し、さらには河川管理においても国家主導となった。1896年4月8日制定の旧河川法では、その主たる目的は治水対策、舟運であった。ここにおいて、旧河川法の国家形成という上位目的により、人と川との関係は切り離された。

　1970年代以降、公害問題・都市問題が顕在化する中でインフラ整備に対する市民参加型社会への対応が希求されるようになった。河川法制定100年目の区切りに制定された新河川法改正（1997年6月4日制定）では、河川環境の整備と保全が河川本来として目的に追加され、さらに河川と周辺地域住民との関係だけではなく、広く市民との関係強化がうたわれた。河川管理のみならず河川計画への市民・参加型社会への転換である。そこには行政と住民を分離してきた伝統的な河川管理において初めて公的に住民・市民が参加できるという、これまでの国家権力を根本的に変える制度転換であり、民主主義の基本問題が問われることとなった。

　これまで水事業は政府および地方公共団体の事業であったが、水ビジネス産業の育成が醸成され、2017年3月7日政府は「水道法の一部を改正する法律案」を閣議決定し、水道施設の運営権を民間事業者に設定できる仕組みを導入、これまでの施策の転換が図られようとしている。

2.1.2 水の利用・管理

　水資源開発事業は、経済発展に伴う水需要に供するための計画策定という単純な段階から、総合的な水資源環境対策に移行しつつある。灌漑事業・河川事業・上下水道事業などの個別水事業が成熟期を迎えた日本において、水問題をホリスティックにとらえた水資源環境政策の登場が見られる。そこには単なる技術的対応、経済的事業評価だけでなく、経済・環境・社会の事象を総合的に評価するサステイナビリティ評価という新たな視点による気候変動に対する戦略的適応策を策定することが求められる。

　従来の個別の水に関する法律から、水問題の一括的管理を目指して2014年7月1日に「水循環基本法」が施行された。その基本理念（第3条）は次のとおりである。

1. 水循環の重要性　水については、水循環の過程において、地球上の生命を育み、国民生活及び産業活動に重要な役割を果たしていることに鑑み、健全な水循環の維持又は回復のための取組が積極的に推進されなければならないこと

2. 水の公共性　水が国民共有の貴重な財産であり、公共性の高いものであることに鑑み、水については、その適正な利用が行われるとともに、全ての国民がその恵沢を将来にわたって享受できることが確保されなければならないこと

3. 健全な水循環への配慮　水の利用に当たっては、水循環に及ぼす影響が回避され又は最小となり、健全な水循環が維持されるよう配慮されなければならないこと

4. 流域の総合的管理　水は、水循環の過程において生じた事象がその後の過程においても影響を及ぼすものであることに鑑み、流域に係る水循環について、流域として総合的かつ一体的に管理されなければならないこと

5. 水循環に関する国際的協調　健全な水循環の維持又は回復が人類共通の課題であることに鑑み、水循環に関する取組の推進は、国際的協調の下に行われなければならないこと

水循環に関する法律が、明治以降個別に利害調整されてきた経緯を見るなら

ば、水循環基本法は画期的な意味を有するが、実効性において今後の議論が待たれる。

2.1.3　自然・循環

　水循環は、地球温暖化を代表とする気候変動の影響の顕在化により極端化現象が出現するに至っており、生態系にも影響を与え始めている。そのことは単に生態系の変化に収まらず、河川計画の計画技法にも影響を及ぼしつつある。地下水・氷河・海水においても不可逆的な現象が確認されつつあり、水循環システムの変化に関する認識の構築が求められる。さらに都市における舗装・コンクリート化によるヒートアイランド現象などが近年顕著となり、熱帯夜の常態化などは水問題の枠を超え、生活および生命の危機に及びつつある。

2.1.4　国際・アジア

　世界人口の7割以上が国際河川の流域に住んでおり、その管理は日本の河川管理と異なり複雑である。さらに越境河川として国際紛争の火種を抱えている。例えばナイル川は、ナイル・ベイスン・イニシアチブ（NBI：Nile Basin Initiative）というナイル川流域に位置する11ヶ国（エジプト、スーダン、南スーダン、エチオピア、タンザニア、ケニア、コンゴ民主共和国、エリトリア（オブザーバー参加）、ウガンダ、ブルンジ、ルワンダ）からなる地域機構がある。ナイル川はこれまでエジプトの強力なリーダーシップのもとに管理されてきたが、エチオピアではナイル川水量の90％以上ともいわれる水量を擁する青ナイル上でGERDダム（大エチオピア・ルネッサンス・ダム）が2011年から建設されまもなく完成を迎える。エジプトは、エチオピアに対してGERDの規模縮小や排水口の増設などを求めて交渉してきたが、未だ対立解消に至っていない。さらにその他の上流国もエチオピアと同様に河川開発、特に水力発電を推進する意欲がある。エジプトにとっては、エチオピアを先例として上流諸国で開発が続けば、自国の水利権をさらに不安定化させる状況を生み出しうる[3]。アラブの春でのエジプト国内の混乱は、国内の課題解決の困難さを増幅したのみならず国際河川の流域管理にも深い影を落とした。

2　世界の水問題と日本の対外戦略

　同様に、アジアのメコン川の流域管理においても中国のダム建設による下流各国への影響に対するMRC（メコン川委員会）のガバナンス欠如、ヨーロッパにおけるドナウ川やライン川の関係各国の環境課題に対する未調整など世界的にも複雑な様相を示している。さらにフランス・イギリスにおける水ビジネスの海外展開は1990年代以降加速化しており、日本も2010年以降アジア中心に展開しつつある。

2.2　世界の水問題解決への挑戦

2.2.1　マルデルプラタ行動計画の意義

　第1回国連水会議（1977年3月、マルデルプラタ）の行動計画は世界各国の水計画の基本となり、連綿と受け継がれている。1980年、国連総会で1981年～1990年の10年間を「国際飲料水供給と衛生の10ヶ年」とし、その成果に対する評価は「2000年の時点で、地下水開発、上水道の整備などが進み、急増する世界人口の80％を超える人々に安全で手ごろな価格の飲料水が供給され、50％を超える人々に衛生設備が供給されるに至っている。しかし、世界には安全な水供給にアクセスできない人々が11億人、適切な衛生施設にアクセスできない人々が24億人いるといわれている」と総括された。[4]

2.2.2　MDGsと水政策

　2000年9月に国連ミレニアム・サミット（ニューヨーク）で共通の枠組みとしてMDGs（ミレニアム開発目標）が採択された。MDGsは1990年代に開催された主要な国際会議やサミットで採択された国際開発目標を統合し、1つの共通の枠組みとしてまとめられたものである。

　MDGsの水に関する目標（ゴール7：環境の持続可能性確保）を整理すると、2015年までに安全な飲料水および衛生施設を継続的に利用できない人々の割合を半減すると設定された。2014年7月には、国連総会のSDGsのオープンワーキンググループにおいて、ポスト2015開発アジェンダに対して独立章として「すべての人のための水および衛生の利用有効性と持続可能な開発を確実にす

17

ること」が提出された。これは、2005～2015年に実施された「『命のための水』国際の10年」の課題解決が着実に進捗したことを意味するとともに、なお残された課題が多く存在することを意味している。[5]

2.2.3 SDGsと水政策

2015年9月25日国連総会でSDGs（国連持続可能な開発目標）において定められた、水と衛生に関して独立の章ゴール6「すべての人々に水と衛生へのアクセスと持続可能な管理を確保する」で、国際協力や人材育成支援、ローカルコミュニティの参加が強調されており、「命のための水」を実現するためには、地道な努力とともに、常に国際的な視点での取り組みが求められる。

SDGsのゴール6の内容は以下のとおりである。[6]

ゴール6. 安全な水や下水・衛生施設へのアクセスを可能にすることから、水関連生態系を復旧、保護し、持続可能な形で管理することまで、幅広い淡水関連問題への取り組みを目指す。

ゴール6のターゲットは、下記のとおりである。

6.1　2030年までに、すべての人々の、安全で安価な飲料水の普遍的かつ衡平なアクセスを達成する。

6.2　2030年までに、すべての人々の、適切かつ平等な下水施設・衛生施設へのアクセスを達成し、野外での排泄をなくす。女性および女児、ならびに脆弱な立場にある人々のニーズに特に注意を払う。

6.3　2030年までに、汚染の減少、投棄の廃絶と有害な化学物・物質の放出の最小化、未処理の排水の割合半減および再生利用と安全な再利用の世界的規模で大幅に増加させることにより、水質を改善する。

6.4　2030年までに、全セクターにおいて水利用の効率を大幅に改善し、淡水の持続可能な採取および供給を確保し水不足に対処するとともに、水不足に悩む人々の数を大幅に減少させる。

6.5　2030年までに、国境を越えた適切な協力を含む、あらゆるレベルでの統合水資源管理を実施する。

6.6　2020年までに、山地、森林、湿地、河川、帯水層、湖沼を含む水に関

連する生態系の保護・回復を行う。

6.6.a 2030年までに、集水、海水淡水化、水の効率的利用、排水処理、リサイクル・再利用技術を含む開発途上国における水と衛生分野での活動と計画を対象とした国際協力と能力構築支援を拡大する。

6.6.b 水と衛生の管理向上における地域コミュニティの参加を支援・強化する。

ゴール6のそれぞれの項目は、「『命のための水』国際の10年」の成果を踏まえつつ、伝統的な手法で問題を解決することを表明したものである。特に、国際協力や人材育成支援やローカルコミュニティの参加が強調されており、「命のための水」を実現するためには、地道な努力とともに、常に国際的な視点での取り組みが求められる。

SDGsでは2016年から2030年の新たな17項目の国際目標が設定された。水政策に関する内容は、斬新な提案ではないが水問題解決のために成すべきことが列記されている。地球規模の気候変動、爆発的な人口増加から水危機が一層深刻化することは確実であり、そのためには従来の統合的水資源管理を乗り越える斬新なコンセプトの提起が必要だろう。しかしながら、何万年来の水と人との営みで培った知恵でも簡単に解決方法を見出すことは困難だろう[6]。

2.3 「『命のための水』国際の10年」の系譜

2.3.1 「『命のための水』国際の10年」

今日の水問題の諸相を総体的にとらえるためには、次の2点に対する論点への留意が必要である。第1点は、21世紀になって顕在化してきた気候変動に対する影響への戦略的な適応策の確立である。第2点は、水資源マネジメントに関する国際的潮流の把握である。水に恵まれた国である日本も、この2つの影響は避けることができない。さらに、日本の水資源政策を考える場合、日本の状況のみに固執していれば、世界の政策立案から排除され孤立しかねないであろう。

本章では、2003年3月に日本で開催された第3回世界水フォーラムにおいて

発表された、『国連世界水発展報告書（第1版）』の「Water for People, Water for Life（人類のための水、生命のための水）」を起点として、今日に至る水政策の論点を整理する[7]。

　本報告書が発表された、第3回世界水フォーラムの席上においてタジキスタン大統領による提言により、国際淡水フォーラム（2003年）が開催された。ここにおいて、「2005年から2015年の10年間を the International Decade for Action "Water for Life", 2005-2015 『命のための水』国際の10年」と定めることが提案された[8]。

　2003年より2015年に至る「『命のための水』国際の10年」の系譜を整理しよう[9]。

　国連総会（2003年12月23日）によって採択された決議である、「『命のための水』国際の10年」では、「水は環境の健全性、貧困と飢餓の根絶を含む持続可能な開発にとってきわめて重要であり、人間の健康と安寧に不可欠であることを強調」した。これまでの経過を踏まえ、次のように提起した。

①2005年から2015年までを「『命のための水』国際の10年」とし、これを2005年3月22日の「世界水の日」から開始することを宣言する。

②10年の目標は、あらゆるレベルで水関連問題をより重視すること、ならびに、「アジェンダ21」、「アジェンダ21のさらなる実施のためのプログラム」、「国連ミレニアム宣言」および「ヨハネスブルク実施計画」に掲げられている国際的に合意された水関連目標、さらに適宜、持続可能な開発委員会第12、13会期中に明らかにされた目標の達成に資するため、水資源開発努力への女性の参加確保を図りながら、水関連のプログラムおよびプロジェクトを実施し、あらゆるレベルでの協力を進めることとすべきである。

2.3.2　国連世界水発展報告書の系譜と論点

　第1版の「Water for People, Water for Life（人類のための水、生命のための水）」の概要は次のとおりである[7]。

　今世紀半ばまでに、人口増加などの要因によって、最悪の場合は60ヶ国で70

2 世界の水問題と日本の対外戦略

億人、よくても48ヶ国で20億人が渇水に直面する。報告書によれば、気候変動がこの地球規模の渇水増大の約20％の原因となる。湿潤地帯の雨量はおそらく増加するが、渇水の危険のある多くの地域、および熱帯や亜熱帯においても雨量は減少し、さらに不安定になることが予測されている。水質は、汚染度と水温の上昇に伴い悪化する。報告書によれば、水危機は、「そのような危機がまさに存在していることに関して議論が続けられているにもかかわらず、悪化し始めている」。毎日約200万tの排水が河川や湖沼に放流されている。排水1ℓで約8ℓの淡水が汚染される。報告書の計算によれば、世界全体で約12,000km²の汚濁水が存在し、これは、変動する世界の10大河川流域の総流量を常に超えている。したがって、汚染が人口増加に伴って進行した場合、2050年までに、世界は18,000km²の淡水を実際に失うことになる。これは、各国が現在利用している年間灌漑用水の総量の約9倍に相当する。灌漑は、水資源を最も大量に消費し、現在、取水量全体の70％を占めている。

　第1版「人類のための水、生命のための水」の構成と課題は次のとおりである。

(1) 生命と福祉に関する課題

課題1　基本的ニーズと健康に対する権利

課題設定：「低所得国では家庭における水質管理の改善に向けて政策転換をおこない、あわせて個人および家族の衛生状態を改善し、さらに上下水道設備については供給の信頼性および十分な水質を保障するようサービス水準の質を高めつつ、普及率を継続的に拡大することが必要であるということである。」

政策：「健全な健康重視の手法を水資源システムに組み込む際には、生物を媒介とする疾病の脅威を低下させるため、水源保全による水質管理をおこない、すべての開発プロジェクトにおいて、健康影響評価（HIA）を利用した飲料水の処理と給水をおこなう必要がある。水路整備、周期的な雨期および乾期の利用、水の停滞および流速低下の防止、ならびに疾病の危険性に関する農業従事者への教育といったかんがい技術の改善は、いずれも多大な成果をもたらすであろう。さらに、さまざまな水利用部門に対して

プロジェクトが健康に与える有害な影響の責任を負わせ、水資源開発に起因する健康被害の費用に対する定期的な評価を実施し、従来の健康対策と比較した上水道および水管理による処置の費用効果の評価をおこなうといった、さらに高水準の手法による効果も大きい。」

課題2　人類および地球のための生態系の保護

課題設定：「すべての生態系にとって、水は量的および質的の両方の観点から不可欠な要素であり、水質および水量の低下はいずれにおいても生態系に深刻な悪影響をもたらす。

　　過去10年間に、二つの重要な考え方を受け入れるようになった。一つは、生態系はそれ自身本質的な価値を有するのみならず、人類に対して不可欠な価値を供給するということである。もう一つは、水資源の持続可能性には生態系を基準とした参加型の管理が必要であるということである。」

政策：「生態系保護の手法には、目標および基準を設定し、土地・水の総合的な利用管理を奨励するための政策および戦略構想、環境教育、環境の質および変化に関する定期的な記録、河川流量の維持、生息環境および水源の保護、種の保護事業などがある。」

課題3　都市—都市環境において競合するニーズ

課題設定：「都市における適切な水管理は複雑な事業であり、生活用水および工業用水の需要に対する水供給の統合的な管理、汚染物質の管理および汚水処理、雨水流出（豪雨を含む）の管理および氾濫防止、ならびに水資源の持続可能な利用を必要とする。…低所得国の多くの都市において、水供給の信頼性および安定性は大きな問題であり、水道水質は低く、都市の水販売者から購入する水は高価である。下水道設備に関して述べると、都市圏においては共同便所および汲み取り便所はあまり適切とはいえない。」

政策：「都市において上下水道設備および洪水管理の改善を実現するためには、さまざまな活動が必要となる。その中でもっとも重要なのは適正な水道事業であり、民営化された公益企業あるいは民間企業のいずれの場合でも、適切な規制下に置かれる必要がある。取水および汚濁排出規制とあわせて、工業地および住宅地の開発を制御するための適切な都市計画および

区画規制を実施することも不可欠である。また、生態系の撹乱を最小限にし、水資源の利用方法を改善するための、適切な流域管理がきわめて重要である。」

課題4　増大する世界人口に対する食糧確保

課題設定：「2030年までに、かんがい可能なすべての土地の60％が利用されることになるであろう。国連食糧農業機関（FAO）が調査した開発途上国93ヶ国のうち、10ヶ国ではすでに再生可能な淡水の40％がかんがいに利用されている。このレベルになると、農業とほかの利用者との間で困難な選択を迫られる場合がある。」

政策：「かんがい用水の利用効率は、現在世界全体で約38％であるが、科学技術の利用およびかんがい用水管理手法の改善によって、2030年までに徐々に改善されて42％まで向上すると考えられる。これによって、かんがいに伴う生物を媒介とする疾病の問題も軽減されるであろう。開発途上国の7億7,700万人が栄養不足の状態にあり、これを半減させるという目標は2030年までに達成できそうもない。この状況は水供給の不安定よりも内戦に起因するものである。」

課題5　すべての人の便益のため、よりクリーンな工業の奨励

課題設定：「工業活動による水資源への害は、「地域の」淡水資源に対する害にとどまらない。沿岸地域における人口密度および工業密度の増加によって、沿岸環境およびこれによって生計を立てている人々の窮乏が生じている。そのうえ、たとえば残留性の有機汚染源による大気汚染のために、工業の中心地からはるかに離れた水が汚染される可能性もある。」

政策：「水消費および水質に関する適切で頑健な指標を作成するとともに改良を加え、信頼できるデータの継続的な収集を支援するために、世界規模でさらなる行動が必要とされている。こうした指標を地域および地方における水管理に導入し、これを工業、経済、および投資計画に組み込むための支援が必要とされている。」

課題6　開発需要に見合うエネルギーの開発

課題設定：「電力へのアクセスは世界各地で非常に偏っている。約20億人が

まったく電気を利用しておらず、10億人が不経済な電力供給（乾電池）もしくはろうそくや灯油を利用しており、開発途上国に住む25億人が商業電力サービスをほとんど利用できないでいる。」

政策：「水力発電は、経済的に成立する発電所立地のうち、現在までに開発されているのはわずか三分の一のみである。…小規模独立水力発電計画は、大量発電のような便益は得られないが、大規模計画よりも問題が少ないことから、これによって多くの農村および遠隔地に多大な恩恵をもたらすことができる。」

(2) 管理上の課題─管理と統治

課題7　リスクの軽減および不確実性への対処

課題設定：「自然災害による死亡者数の約97％が、開発途上国において発生している。水文気象学的災害（洪水および渇水）は、1996年以降2倍以上に増加している。極貧層、老人、女性、および児童がもっとも強く影響を受ける。条件の厳しい土地で生活する人が増加するに従って、洪水あるいは渇水によるリスクは増大する。」

政策：「洪水の場合、災害ポテンシャルは洪水の規模および頻度に関係している。洪水発生の予報および洪水状況の予測をリアルタイムにおこなうことは可能である。洪水被害軽減対策としては、構造物対策（ダム、堰など）および非構造物対策（土地利用計画、洪水予報、防災計画など）がある。…渇水軽減対策としては、土地利用の変更、貯水池もしくは井戸からの灌漑、収穫物保険、救済計画、優先利用者の保護などがある。」

課題8　水の分配─共通の利益の明確化

課題設定：「共有する水資源を公平かつ持続可能な方法で管理するためには、水文変動ならびに社会経済的需要、社会的価値、および特に国際河川の場合には政治体制の変化に対応することのできるような柔軟で包括的な制度が必要となる。」

政策：「戦略的対応は統合水資源管理（IWRM）として知られており、統合の方法としては自然システムおよび人的システムの二通りが考えられる。統合をおこなう際は、この二つの分類の間およびそれぞれの範囲内で、時

間・空間的な変動を考慮しなければならない。統合水資源管理は流域単位でおこなうものと理解されており、そこでは表流水および地下水が土地利用および管理と密接に関連づけられている。」

課題9　水の多面性の認識および価値評価

課題設定：「水資源管理に必須の要素としての水の評価には、水の分配、需要管理、および投資の役割がある。しかしながら、経済的手法によって社会的・宗教的価値、経済・環境価値の外部性、あるいは水の持つ本質的な経済的価値を正確に見積もることはできないため、複雑な問題が発生する。」

政策：「貧困層による水の入手を支援するための財政援助は、「貧困層支援の」戦略であると考えられている。常に成功するとは限らないものの、たとえば水配給券を配布するような、ある一定量の無料の水および社会保障構想をセットにした水道料金構造の改善によって、貧困層を支援することができる。」

課題10　知識ベースの確立―共同責任

課題設定：「水に関する情報および知識は膨大であるが、言語の問題、情報通信技術（ICT）設備の利用機会の制約および財源の制約が原因で、多くの人々、特に低所得国の人々はこうした情報を入手することができない。」

政策：「低所得国のための、効果的な制度の構造および管理技術の研究が是非とも必要である。民営化の際には、基礎的で全体論的な研究よりも、産業からの要求による研究を進めることに重点が置かれる。」

課題11　持続可能な開発のための賢明な水管理

課題設定：「水管理において対処しなければならない多くの問題があるにもかかわらず、現在までのところ、水管理に関する合意された定義はなく、倫理的影響および政治的重要性は、いまだに議論がなされている。」

政策：「効果的な水管理を実現するには、水に関する政策ならびに組織の改革および遂行が必要となる。考えられる論点としては、対立する財産権および組織の分裂、効率的な公的（および民間）部門の構想および一般市民の参加の促進などがある。」「規制制度は、利害関係者が水資源保護の責任

を共有しながら、互いに信頼できる状況で明確かつ透明な交渉ができるようにしなければならない。」

2.3.3 「『命のための水』国際の10年」の評価

「『命のための水』国際の10年」の採択に先立って、1977年国連水会議（アルゼンチン、マルデルプラタ）において、1981年〜1990年の10年間を「International Drinking Water and Sanitation Decade（国際飲料水供給と衛生の10ヶ年）」と決定され、1980年の国連総会において、1981年からの10年間を「国際飲料水供給と衛生の10ヶ年」とすることが決定された。しかしながら、人口増加、水消費の拡大、環境悪化などから水をめぐる問題は一段と深刻化する結果となった。この傾向は90年代以降今日に至るまでさらに深刻さを増しており、それに対抗するための国連世界水発展報告書第1版において、「生命と福祉に関する課題」と「管理上の課題—管理と統治」がより総括的に提起された。その提起に対する成果は、次のように整理できる[10]。

「「International Decade for Action, "Water for Life", 2005-2015 」 は、 真実、水と衛生に関する事柄の行動の10年であった。10年はその目標に合致しも2014年7月には、国連総会のSDGsのオープンワーキンググループにおいて、ポスト2015開発アジェンダに対して独立章として「すべての人のための水および衛生の利用有効性と持続可能な開発を確実にすること」が提出された。」。これは、2005-2015の課題解決が着実に進捗したとともに、なお残された課題が多く存在することを意味している。しかしながら、2015年9月25日の国連総会で「SDGs」（国連持続可能な開発目標）において、水と衛生に関して独立の章が採択されたことは、大きな成果といえよう。すなわち、国連世界水発展報告書は、21世紀は「水の世紀」である21世紀初頭の水政策イシューを総括的に整理したものである。この成果を基礎にして、SDGsは9月の国連総会で正式に採択され、2016年から2030年の新たな国際目標が設定された。その内容は、斬新な提案ではないが、水問題の解決のためのなすべきことが列記されている。地球規模の気候変動、爆発的な人口増加は水資源環境危機が一層深刻化することは確実であり、そのためには従来の統合的水資源管理を乗り越える斬新なコン

セプトの提起が必要であろう。しかしながら、何万年来の水と人との営みで培った知恵をもってしても簡単に解決する方法を見出すことは困難である。個別的成功事例・失敗事例を学習しながら、2030年に向けての戦略的構想力をどのように構築するかが問われている。

2.4 世界の水問題と日本の対外戦略

2.4.1 「参議院国際・地球環境・食糧問題に関する調査会」の論点

水問題解決のための国際潮流を踏まえ、日本においてもさまざまな政策が議論されている。参議院調査会で、初めて水問題に関する委員会「参議院国際・地球環境・食糧問題に関する調査会」が平成22年11月12日に設置され、3年間にわたって検討された。

「国際問題、地球環境問題及び食糧問題に関する調査報告[11]」では、3年間の議論の総括として「今後世界の水問題が深刻化するおそれのあることに鑑み、我が国は水に関する優れた知見と経験、ノウハウをいかして、国際協力、ビジネス及び防災の各分野において世界の水問題の解決に寄与することが極めて重要であること、それは我が国の持続的な繁栄に資するのみならず、世界の安定と繁栄への貢献にもつながるものであり、こうした我が国の国際的取組は世界における我が国の存在感を確固たるものにし、リーダーシップの発揮を可能にするものであることが明らかとなった」と水問題の重要性とともに、わが国の国際的取り組みの必要性を指摘した。報告書では、「1．水問題に対する基本認識」に基づいて「2．水問題に対する国際協力」「3．水災害への国際協力」「4．国際河川流域管理における日本の役割」「5．水ビジネスを通じた国際貢献」「6．国内の水問題」「7．世界の水問題に取り組む上での基盤整備」と、日本の水問題の課題について整理するとともに、国際的貢献の視点で提言が行われている。

報告書は、世界の水問題解決に対するわが国の取り組みを一層促進させるための「課題と提言」を以下に取りまとめている。

「1．水問題に対する基本認識」における課題と提言を整理すると次のとお

りである。

課題は、次の4点に整理できる。

① 「モンスーンアジアを中心に、集中豪雨や長期間の降雨が各地に水災害を
　もたらしており、住民の生命や財産に深刻な被害を与えるとともに、企業
　のサプライチェーンへの打撃を通じてグローバル経済にも大きな影響を及
　ぼすなど、これら水問題に適切に対応することは、今日の世界の安定と繁
　栄を実現する上で避けて通ることのできない重要な課題となっている」

② 「近年、我が国でも、気候変動等様々な要因により、集中豪雨による水害
　や渇水、あるいは地下水の水位の低下や汚染等の問題が生じており、これ
　らの問題に効果的に取り組むためには、国民一人ひとりが水問題解決の重
　要性を自らの問題として認識することが求められている」

③ 「グローバル化の急速な進展に伴い、国際社会では水問題が主要な地球規
　模課題であるとの共通認識が生まれており、我が国においても世界各地の
　水問題が自国に及ぼす影響に十分留意し、国際社会と連携しつつ、適切に
　対処していく必要がある」

④ 「水問題は世界各国に様々な形で存在するが、人口規模やグローバル経済
　への影響、我が国との密接な関係などを踏まえれば、特にアジアにおける
　水問題の解決が喫緊の課題である」

提言は次の4点に整理できる。

① 「戦略物資であると言える水が、我が国の持続的な成長及び世界の安定と
　繁栄の実現にとって極めて重要なものであることを広く国民に啓発するよ
　う努めるべきである」

② 「水問題の深刻化が懸念される中で、人間の安全保障の実現を通じて世界
　の安定と繁栄に貢献することにより、我が国の国際社会における立場を確
　たるものとするとともに、我が国自身の持続的な繁栄を実現するために
　は、これらを最大限にいかし、我が国が世界の水問題の解決に主導的な役
　割を果たすことが不可欠であるとの基本認識を官民が広く共有すべきであ
　る」

③ 「世界の水問題に対処するための我が国の対外戦略の策定に当たっては、

安全な水が全ての人にとって必要不可欠なものであるとの人道的見地から行う国際協力の視点と我が国の経済的繁栄に資するビジネスの視点とのバランスを確保すべきである」

④「アジアを中心に重層的に構築されている我が国企業のサプライチェーンなどを通じた我が国経済への影響などを踏まえ、水リスクの軽減が喫緊の課題であるとの視点から、特にアジアを重視した取組を進めるべきである」

以上のように、参議院調査会における課題認識と政策提言は、世界の水問題を広く認識しつつ、日本の果たすべき役割を明確にしたものである。

2.4.2 国際河川流域管理における日本の役割

「国際問題、地球環境問題及び食糧問題に関する調査報告」における「4. 国際河川流域管理における日本の役割」では、国際河川流域管理における日本の役割を模索している。

課題：「冷戦終結後、水をめぐる国家間の接触や交渉は急増したものの、友好的なものが多かったとされているが、今後については楽観できないとの指摘もなされており、国際河川における協調のための枠組みをいかに構築していくかが課題となっている」

「メコン川をめぐっては、多くのダムの建設を計画する上流国の中国と下流国との対立が今後緊迫する可能性も指摘されているが、同流域はインドシナ半島の安定と繁栄にとって重要であり、また、我が国も様々な面で深い関係を有する地域であることから、流域諸国間において円滑な利害調整が行われることが重要である」

「直接の当事者ではなく、かつ、国際河川や国際湖沼が存在しない我が国はこれらの利害調整に関する経験が乏しいこともあり、直接的な貢献を行うことは困難と考えられる中で、第三国としての中立的な立場や優れた水資源に関する観測技術、水源かん養機能の向上に向けた森林経営のノウハウの活用など、我が国の強みをいかした貢献を行うことが課題となっている」

提言：「我が国にとってメコン地域が持つ重要性を踏まえ、これまで流域国
との間で培ってきた信頼や科学的データに基づく河川管理に関するノウハ
ウなどを活用し、流域国が守るべき最低限の国際基準・ルール策定に向け
たイニシアティブの発揮、流域国への交通インフラ等の援助、治水技術や
森林経営等に関する人材育成への支援など、我が国の強みをいかした地域
の安定と繁栄に寄与する取組を積極的に推進すべきである」

「関係国の学者等を招き、水資源の現状について議論を行う場を設ける
ことが共通認識の形成に有意義であることから、これら外交チャンネル以
外での取組も支援していくべきである」

2.4.3　水ビジネスを通じた国際貢献

調査報告「5．水ビジネスを通じた国際貢献」では、これからの水ビジネス
における日本政府および企業の課題を明確にしている。なお、調査会での地方
自治体の国際貢献についての議論は松井論文に整理されている[12]。

⑴　水関連技術の国際標準化

課題：「自国の技術が国際標準を獲得することは、それを普及していく上で
大きな意味を持っている。水関連技術の国際規格化が重要な段階に入って
いる状況において、我が国の高度な水処理技術が国際標準となることは、
長期的に見て世界全体の水問題の解決に資するものであり、同時に、我が
国水関連産業が海外展開を進める上でも有利に働くものであることから、
我が国の技術を国際標準化していく取組が求められている」

提言：「我が国の水関連産業の持つ強みがいかされる形で国際標準化が進む
ように、オールジャパンによる取組体制の下で、国際的なルールづくりに
戦略的に取り組むべきである」

⑵　中小企業による水関連 BOP ビジネスへの支援

課題：「BOP ビジネスは、途上国でこうした企業の持つ技術等を用いた製
品・サービスを提供することにより、途上国の直面する水問題の解決に寄
与しつつ、中小企業自身の収益増と経営安定化が期待できるものであり、
中小企業の BOP ビジネスへの進出をいかに支援していくかが課題になっ

ている」

提言：「中小企業による BOP ビジネスを成功させるため、ODA などの枠組みを利用した資金面の支援に加え、在外公館や現地の JICA 事務所などが、広報活動やロジスティックなども含めたきめ細かな支援を行うなど、国として官民連携による BOP ビジネス支援に積極的に取り組むべきである」

BOP 層（Base of the Economic Pyramid 層：購買力平価で3000ドル以下の階層）を対象とする BOP ビジネスは、発展途上国現地におけるさまざまな社会課題の解決に資することが期待される持続可能なビジネスである。

以上の水ビジネスを通じた国際貢献における中小企業の展開で、官民一体となって戦略的行動を行うことが今不可欠であることを強調している。

参議院調査会では、特に世界の水問題解決のために日本の対外戦略を模索し、かつ実践の手がかりを描こうとしている。こと水問題に関しては、地域社会との密着性が高いとともに、その管理は国家的に最重要課題であるため、対外戦略の策定においては慎重さを要する。調査会のまとめとして、「本調査会での調査を通じ、今後政府が水の持つ重要性に関して国民世論の啓発を図りながら、そのイニシアティブの下で、政府、自治体、企業、大学等が相互に連携を図りつつ、世界の水問題解決への取組を戦略的に進めることにより、我が国の復興と持続的な成長に寄与するのみならず、世界における人間の安全保障の実現を促すことにより、我が国のリーダーシップと存在感の発揮にも資することができることを確信した」との結論を示した。調査会に参考人として参加した筆者にとっても同意するところである。

2.4.4 世界の水問題と日本の対外戦略

今日の世界の水問題の諸相を見ると、特徴として①気候変動、②ビジネス化、③合意形成の３つがある。

①気候変動

IPCCAR5で報告されたように、地球温暖化の水準から気候の極端現象へと事態は深刻化しつつある。2013年11月11日、フィリピン・レイテ島タクロバン

を直撃したスーパー台風は、近い将来に台湾および沖縄、さらには日本本土を襲う可能性が想定される。その場合、従来の地球温暖化に対する緩和策・適応策だけでは十分な対応ができない。またタイで2011年7月から3ヶ月以上続いた洪水は、同年11月5日時点で446人死亡し230万人もの影響を出したが、これはタイのみならずカンボジア・ラオス・ベトナムでも被害があり、さらにはこの状態が気候変動で常態化すると予測されている。そのため、水危機への新たなる認識と戦略的な適応策の構築が求められる[13]。

②ビジネス化

　成長を続ける世界の水ビジネス市場の中で、海外市場が高い成長率で推移している。日本企業の海外水ビジネスの実績は、2007年度は2,067億円、海外市場に占める割合は0.7%、2013年度では2,463億円と2007年度に比べ19.1%増加したものの、海外市場に占める比率は0.5%と極めて低いシェアにとどまっているのが現実である[14]。このような世界の水ビジネス市場の成長と比肩して、日本の水道事業は成熟期に入り特別な地位を示している。厚生労働省健康局による新水道ビジョン（平成25年3月）では、次のような方向性を示している[15]。「取り組みの目指すべき方向性」として、「時代や環境の変化に対して的確に対応しつつ、水質基準に適合した水が、必要な量、いつでも、どこでも、誰でも、合理的な対価をもって、持続的に受け取ることが可能な水道」を掲げ、「安全」「強靱」「持続」をスローガンとしている。水道関係者によって「挑戦」「連携」をもって取り組むべき方策として、「2　関係者間の連携方策」があり、（1）住民との連携（コミュニケーション）の促進（持/安/強）、（2）発展的広域化（持/強）、（3）官民連携の推進（持）、（4）技術開発、調査・研究の拡充（安/持）、（5）国際展開（持）、（6）水源環境の保全（持）が掲げられている。官民連携の推進において「地方公共団体が経営する水道事業の人員、ノウハウなど公共側が持つ能力に応じ、弱点を補填できるPPPの活用検討」として、従来の個別委託（従来型業務委託）、第三者委託、指定管理者制度、DBO（Design Build Operate）、PFI（Private Finance Initiative）から新たに公共施設等運営権（コンセッション方式）の試みが進行しつつある[16]。民間事業者の責任と経営の自由度が大きく増すため、水事業ガバナンス（議会の位置づけ強化、自治体の経験の

尊重）の確立、自治体間連携の確保、政府から独立した機関として消費者保護を目的とする監視機関の設置、さらには民営化議論で参考とされる世界の民営化に関する事情についてのデータベースと公開、水道に関する情報公開・個人情報の保護、「命の水」という社会的正義の証左としての低所得者への配水義務が求められる。[17]

③合意形成

　水問題における今日的課題は、問題解決のための合意形成の可能性である。国際河川における国際紛争、国内の水問題はますます複雑となり、かつ解決のための理念・技法は確立していない。水とともに切り拓く未来とは、水資源開発事業の計画・建設・運営に関する「社会的合意」システムをどのように構築するかが未来可能性の条件だろう。今日の社会では「社会的合意」形成の重要性は認識されつつあるが、実現方法は容易に見出せない。将来においては、さらに困難になることは容易に理解できる。「社会的合意」の条件を見出して、その条件についての検討を始めると簡単に合意できないことが判明するだろう。水とともに切り拓く未来とは、条件の探り合いでなく、人々の尊厳を求めるための行動であり、それが「社会的合意」を生み出そうという原動力になる。持続可能な都市開発とは、都市の持続性指標によって測定されるものでなく、都市の未来像を提示し続ける人々の意思の現れ、構想力である。その原点に水を見ることができる。[18]

※第2章は、下記の論文に加筆修正したものである。

　仲上健一、「世界の水問題と日本の対外戦略」、紙パルプの技術、Vol. 68、No. 3、2018年1月

　仲上健一、「水資源環境危機の超克と戦略的構想力—国連「世界水発展報告書」の提起—」、政策科学、Vol. 23、No. 4、2014年3月

【参考文献】
1）　日本水フォーラム〈http://www.waterforum.jp/jp/home/pages/index.php〉
2）　NPO法人・森は海の恋人〈http://www.mori-umi.org/〉
3）　中東かわら版 No. 63、「エジプト：ナイル川流域諸国の首脳級サミットがウガンダで開催」〈https://www.meij.or.jp/kawara/2017_063.html〉

4) JICA 研究所『水分野援助研究会―途上国の水問題への対応―』、2002年11月

5) UNDESA, Water for Life Decade, Water and the Sustainable Development Goals （SDGs）〈http://www.un.org/waterforlifedecade/waterandsustainabledevelopment2015/open_working_group_sdg.shtml〉

6) 国際連合広報センター、「持続可能な開発目標6：水と衛生」プレスリリース　18-015-J　2018年3月21日〈http://www.unic.or.jp/news_press/features_backgrounders/27696/〉

7) World Water Assessment Programme, The 1st World Water Development Report: Water for People, Water for Life（人類のための水、生命のための水）, UNESCO, Paris. 2003〈http://www.unesco.org/water/wwap/wwdr/wwdr1/table_contents/index.shtml〉

8) United Nations, A/RES/58/217, 23 December 2003 "International Decade for Action " WATER FOR LIFE"2005-2015"〈http://www.un-documents.net/a58r217.htm〉

9) UNDESA, Water for Life Decade, Decade's Milestones,〈http://www.un.org/waterforlifedecade/milestones.shtml〉

10) UN Water "Report on the Achievements during the International Decade for Action Water for Life2005-2015", March, 2015

11) 参議院国際・地球環境・食糧問題に関する調査会、「国際問題、地球環境問題及び食糧問題に関する調査報告」、2013年5月5日

12) 松井一彦、「世界の水問題への日本の取組―地方自治体の役割とその課題―」、立法と調査、NO.332、2012年9月

13) 仲上健一、『水危機への戦略的適応策と統合的水管理』、技報堂出版、2011年

14) 経済産業省、株式会社富士経済、「平成26年度インフラシステム輸出促進調査等事業（水ビジネス市場に関する動向調査）報告書」、平成27年3月

15) 厚生労働省健康局水道課「新水道ビジョン（参考）」、2013年4月

16) 厚生労働省健康局水道課、「水道事業における官民連携について」、平成26年度第3回官民連携推進協議会（仙台）、2014年12月5日

17) 仲上健一、「水インフラビジネスのアジア展開の可能性」、世界経済評論、Vol. 58、No. 5、2014年9月

18) 仲上健一、「水資源環境危機の超克と戦略的構想力―国連「世界水発展報告書」の提起―」政策科学、Vol. 23、No. 4、2014年3月

3 水ビジネスの国際的潮流と日本の対応

　水ビジネスの市場化・民営化を主導してきた第6回世界水フォーラム（2012年3月フランス・マルセイユ）では、「Time for Solutions：解決の時」が主題とされた。今日の水問題の解決策を要する課題として、「ガバナンス、アクセス、気候変動、権利、バランシング、キャパシティビルディング、越境、水と食糧、リスク、イノベーション等々」が設定された。第6回世界水フォーラムの閣僚宣言では、「最も弱い立場にある人々に焦点を当て、水と衛生に対する権利の実現に向けた取り組みの速度を加速していくことや、排水管理の重要性、水・エネルギー・食糧という水関連分野間の一体的な取り組みの必要性」という「水と貧困」への一体的対策の強化が強調された[1]。その背景としては、パリ市が2009年末をもって、フランスの大規模水道企業であるスエズ・エンバイロメントおよびヴェオリア・ウォーターとの契約を終了し、水道事業を2010年から公営事業としての運営に戻すという決断もあろう[2]。

3.1　SDGs と水ビジネス

　今日の水問題の諸相を総体的に捉えるためには、21世紀になって顕在化してきた地球温暖化に伴う気候変動への戦略的な適応策の確立、東日本大震災の経験を受け今後想定される首都直下型地震および南海トラフ地震等の巨大自然災害に対する水インフラ整備、さらに統合的水資源管理に見られる国際的潮流への対応が必要である。水に恵まれた国である日本においても、これらの影響は避けることができない。さらに、水道事業がグローバル化する現状を考える場合、日本固有の水道事業の経営状況のみに固執していれば、世界の潮流から排除され孤立するであろう。「水道民営化」を議論する場合、多くの論点を踏まえた俯瞰的な考察とともに、現実のダイナミックな社会的変容についても注意

深く見ることが重要である。

　2015年9月25日の国連総会で「SDGs」（持続可能な開発目標）が採択され、今後2030年に向けてゴール6「すべての人々に水と衛生へのアクセスと持続可能な管理を確保する」として新しい目標が設定され、これまでの国際社会における「命の水」への取り組みを踏まえ、具体的な目標が設定された。[3]このような、国連による基本的姿勢の提示にもかかわらず、世界各地では、水道事業の民営化は急速に展開した。例えば、フィリピンのマニラ首都圏上下水道サービスが1997年8月にアジアで初の水道事業としてベクテル社により民営化され、マニラッド水道事業会社が事業運営を開始したが、首都マニラ市では、水道料金が契約時の約4倍に高騰し2002年12月9日には、フィリピン政府と結んでいた委託契約が破棄された。[4]民間企業の手法を導入することで効率的運営を喧伝される中で、現実的可能性が低いといわれた本事業の破綻は世界的にも注目されたが、水道事業の民営化の困難性を改めて突きつけたのである。

3.2　水ビジネス市場

　世界の水道事業民営化の歴史はフランスに始まった。1853年にジェネラル・デ・ゾー（現ヴェオリア・ウォーター）、1880年にリヨネーズ・デ・ゾー（現スエズ・エンバイロメント）が水道供給公社として設立された。両社は今日においても、世界の水ビジネスを先導している。1989年のイギリスのテムズ・ウォーターの設置により、欧米豪諸国において上下水道事業は民営化が加速化された。1990年代には、これらの水企業により一気に上下水道事業はグローバル市場化し、今日に至っても水道民営化の市場は拡大しつつある。21世紀に入り世界の水道民営化における3社の占有率はシンガポール等の新興国の新規参入により急激に低下するという新しい傾向も起こっている。[5]また、水道民営化の光と影を示す象徴的な出来事としてパリ市が2009年末をもって、フランスの大規模水道企業であるヴェオリア・ウォーターとスエズ・エンバイロメントとの契約を終了し、水道事業を2010年から公営事業としての運営に戻すという決断をした。パリ市と両巨大水企業との決別は、水道事業が果たす社会的責任の意味

36

を我々に問いかけている。

　発展途上国・新興工業国においては、急速な経済発展の基盤形成のために水ビジネスが求められており、ここにビジネスチャンスが介在している。水分野として、①上水（施設維持・更新・拡張、水質管理、漏水対策）、②造水（海水淡水化）、③工業用水・工業下水（循環利用）、④下水再利用水、⑤下水（処理場高度化）、⑥農業用水（効率的利用）があり、地域における水処理ニーズに対応した水ビジネスが今後急速に拡大すると考えられる。[6]

　世界の水ビジネス市場の見通しとして、中国、インドをはじめとした新興国及び東南アジアの国々において、人口の増加や経済発展・工業化の進展に伴い、水処理に対する需要が急速に高まり、世界水ビジネス市場は2007年の約36兆円規模から、2025年には約87兆円に成長すると予想される。[5] 今後の市場成長率として、地域として南アジア10.6％、中東・北アフリカ10.5％が見込まれ、国別としては、サウジアラビア15.7％、インド11.7％、中国10.7％である。[7]

　上下水道事業は、2007年には市場全体の約90％に当たる32兆円の市場規模であるのに対し、2025年には市場全体の約85％に当たる74.3兆円の市場が見込まれている。上下水道事業は、国民生活に不可欠なライフラインの一部を構成するため、安定供給や安全性に配慮する必要があるため、公共の事業とされてきたが、近年のインフラ分野における官民パートナーシップ（PPP：Public Private Partnership）の進展に伴い、水分野における民間活力導入は促進し、今後、民営化された市場の成長率は年間8.4％と、市場全体の成長率である4.7％を遙かに凌ぐ成長が見込まれている。[7] 2011年から2018年までの平均成長率を見ると、上水（2011年27.7兆円、2015年30.1兆円、2018年34.4兆円）、下水（2011年22.0兆円、2015年24.8兆円、2018年28.8兆円）、産業用水・排水（2011年4.6兆円、2015年5.8兆円、2018年7.4兆円）であり、2011年から2018年の平均成長率は、それぞれ3.2％、3.9％、7.1％の増加が見込まれている。[7] 一方、成長を続ける世界の水ビジネス市場の中で、海外市場が高い成長率で推移している中、日本企業の海外水ビジネスの実績は、2007年度では2,067億円と、海外市場に占める割合は0.7％、2013年度では2,463億円と2007年度に比べ19.1％の増加となったものの、海外市場に占める比率は0.5％と極めて低いシェアにとどまっているのが

現実である。[7]

3.3 ヨーロッパの水道民営化の現状と教訓

　世界の水道事業の民営化率は、フランス、イギリスは70％以上であり、ヨーロッパ、北米、南米も50％を超えている。[8]アジアさらにはアフリカにおいても民営化の傾向が強まるであろう。上下水道事業における企業による経営の歴史は古い。1853年に設立されたフランスのヴェオリア・ウォーターは、フランス・リヨン市でナポレオン３世の勅令により、ジェネラル・デ・ゾーとして創業され、ヴェオリアグループとして、３つの環境サービス事業グループ（水処理事業・エネルギー事業・廃棄物処理事業）と１つの交通事業グループで構成され、それぞれが法人として独立している。全世界約16万9,000名の従業員を擁し、2017年、ヴェオリアグループは、全世界で9,600万人に水道サービス、6,200万人に下水処理サービスを提供、また5,500万MWhの発電を行い、4,700万トンの廃棄物を新たな原料やエネルギーに変換し、251億2,000万ユーロの連結売上を達成した。[9]

　パリ市が2009年末をもって、フランスの水道企業であるスエズ・エンバイロメントおよびヴェオリア・ウォーターとの契約を終了し、水道事業を2010年から公営事業としての運営に戻すという決断を行った。ベルトラン・ドラノエ市長はこの決断の背景を、「水資源の最適な管理を阻害していた責任の分散を終息させ、水道事業の管理を強化するというその意志を明確にし、そして、パリ市民に、質の高い水を、最適なコスト並びに高いサービス水準で提供し、加えて、水道料金の自治体経費負担分について、その安定を維持する」とし、「命の水」に対する社会的責任への深い思慮を表明したのである。パリ市と歴史的な水企業との決別は、インフラビジネスとしての水道事業の意味と課題を再整理する必要性を示すとともに、今日脚光を浴びている日本の自治体・企業の水ビジネスのアジアへの展開の可能性にも影響するであろう。パリ市の水道事業の再公営化は、インフラビジネスに新たな論点を投げかけた。すなわち、水道事業における収入は、水事業へ再投資すべきであり、そのためには財政構造お

よび財政政策の透明化が前提になるということであろう[10]。それを保障することができるのは、民間企業より公共である可能性が高いといえる。さらには、格差社会が現実化する今日においては水道料金を支払えない人に対してより強固なサポートができるのは、公共の理念であり重要な役割であろう。

イギリス最大の水道会社であるテムズ・ウォーターは、1989年の民営化で誕生し、2000年にドイツのライン・ヴェストファーレン電力会社（RWE：Rheinisch-Westfälisches Elektrizitätswerk AG）に買収され、一時的に同社の水道事業部門となり、2006年にテムズ・ウォーターを売却して水道事業から撤退した。そして、テムズ・ウォーターはオーストラリアのケンブル・ウォーターに売却され、現在は同社傘下に入った[10]。

このように、水道民営化は、地域拠点の水道事業の効率化という視点だけでなく、より高い経済効率性を求めた経済行動が基本となる。イギリスにおいては、1973年に制定された水法（The Water Act 1973）により、10ヶ所の新しい広域的な流域管理局が設立され、地方公共団体に替わって水道サービスの規制を行うことになった。サッチャー政権下、1989年に制定された水法により、10ヶ所の流域管理局は民営化され株式会社となった。水道民営化により、①「規模の経済」原理による「吸収合併」の進展、②「経営多角化」の進展、③国外に進出、および国外の企業のイギリスへの参入が進展した結果によるものである。このような、水道民営化に伴う企業行動とともに、民営化に併せて、水質規制と消費者保護の観点から、組織の見直しも行われた。河川など公共水域からの取水および排水に関連した監視活動を行う環境庁、飲料水検査について監視活動を行う飲料水検査局などの政府機関のほか、政府から独立した機関として消費者保護を目的とする監視機関（OFWAT：Office of Water Service）が設立された。OFWAT では、配水管の水圧、断水の割合、消費者からの苦情対応など、事業者によるサービスの質を監視し、事業者へ改善を促すとともに、各社の経営状態を踏まえて5年ごとに水道料金を設定している[11]。

フランス、イギリスにおける民営化の事業方式は一挙に世界展開したのではなく、世界各国において民営化によるより厳しい現実に遭遇し、その経験を教訓化することにより、世界の主要都市においては、上下水道の「再公営化」が

進み、2000年から2015年で235の事例が報告されている。[12]

　「HERE TO STAY 世界的趨勢になった水道事業の再公営化」によれば、世界の水道事業の再公営化の現状は次のとおりである。すなわち、「世界の都市や地域や国で、水道事業の民営化に見切りをつけ、上下水道の経営権を公的部門に取り戻して事業の「再公営化」に踏み出す事例が増えている。その多くは、民間の水道事業者が約束を守らず、利益優先で地域社会のニーズを無視したことへの対応である。」、「この15年間で水道事業が再公営化された事例は35カ国の少なくとも180件にのぼり、欧州、米州地域、アジア、アフリカの有名な事例を含めてその範囲は先進国と途上国を問わない。再公営化を実施した大都市には、アクラ（ガーナ）、ベルリン（ドイツ）、ブエノスアイレス（アルゼンチン）、ブダペスト（ハンガリー）、クアラルンプール（マレーシア）、ラパス（ボリビア）、マプト（モザンビーク）、パリ（フランス）などがある。」である。[13]「民営化」から「再公営化」への転換は、2017年までに267件拡大し、フランス106件、アメリカ61件、スペイン27件、ドイツ17件となった。[14]

3.4　日本の水ビジネスとアジア展開の意味

　日本の水道事業が直面する3つの課題として、①財政、②技術継承、③マネジメントがある。財政問題の背景は、①日本の総人口の減少による水需要の減少と給水収益の減少、②今後の更新事業の増大と水道事業体の抱える長期負債問題である。日本の総人口は2010年の1億2,806万人から2055年には8,993万人に減少すると予測され、約半世紀後には現状の水源施設や水道施設が過剰なものとなる。総人口の減少による水需要の減少と給水収益の減少となる。これらの課題を民営化への転換により解決し、さらに水ビジネスのアジアへの展開を図り、日本経済の発展の起爆剤にするという構図である。

　アジアの代表的な国際河川であるメコン川流域では、近年加速度的に資源開発、地域開発のためのインフラ整備が着実に進展しつつある。2009年11月に日本において「日本・メコン地域諸国首脳会議」が開催され、「東京宣言」、「行動計画」では「総合的なメコン地域の発展」と「環境・気候変動に向けた10

年」が発表され、「協力・交流の拡大」の取り組みを強化し、「共通の繁栄する未来のためのパートナーシップ」を確立するとの認識が共有された。その中で、日本の自治体による水事業の展開がメコン川流域諸国で展開されており、総務省のまとめによると次のような新たな展開が進行している[15][16]。

①埼玉県　タイ最大の工業団地であるアマタナコン工業団地において、前澤工業㈱がハイブリッド膜システムで水処理した高品質な工業用水供給を目指す事業。

②東京都　東京水道サービス㈱が、タイの現地法人との共同出資で「TSS-TESCOバンコク」を設立し、タイ王国首都圏水道公社との間で無収水対策のパイロット事業を実施。東京都水道局をはじめとする日本コンソーシアムとミャンマー連邦共和国ヤンゴン市開発委員会との間で、覚書を締結。ヤンゴン市の水道事業の改善のための情報交換、人材育成、プロジェクト組成の検討を共同で実施していく。

③横浜市　JICA草の根技術協力事業「日本の民間技術によるベトナム国「安全な水」供給プロジェクト」（平成26年2月開始）により、横浜水ビジネス協議会会員企業のベトナムにおける水ビジネス展開を支援。

④大阪市　JICA協力準備調査（PPPインフラ事業）「日本の配水マネジメントを核としたホーチミン市水道改善事業準備調査」として、これまで行ってきた調査等を踏まえて、配水コントロールシステムを導入して水圧や流量などを管理するための、配水場の新設およびその運営・維持管理を行うPPPインフラ事業の可能性について、官民連携して調査を実施。

⑤神戸市　ベトナム南部のロンアン省に整備中の2つの環境配慮型工業団地等に対する用水供給事業の支援。

⑥北九州市　カンボジア王国鉱工業エネルギー省と北九州市との間で、主要9都市の水道基本計画策定に係る技術コンサルティングに関する覚書を締結し、コンサルティング業務を実施。生活雑排水による河川汚染が深刻化するハイフォン市に対し、北九州市の高度処理技術を移転する協力をJICA草の根技術協力事業により実施。

⑦福岡市　福岡市が実施する国際貢献・国際協力の取り組みを通じて、官民

連携による海外事業案件の受注や地場企業等のビジネス機会の創出を図り、もって、海外の都市問題解決と地域経済の活性化に繋げることを目的として、官民連携の新たなプラットフォーム（「福岡市国際ビジネス展開プラットフォーム」）が、平成26年10月9日され、ミャンマー・ヤンゴン市の水道、下水道をはじめ自治体・企業連携による展開が行われている。[17]

このような、自治体・企業連携によるアジアへの水道事業普及の技術協力は対象国においても極めて高い評価を得ている。以上の水事業の国際技術協力は、メコン川流域圏の新たなインフラ整備の方向を示しているといえよう。

3.5 　まとめ

「世界の水道事業の再公営化から何を読み取るか？」、「民営化の歴史をどのように総括するのか？」が世界の水道民営化を論ずる上で焦眉の課題である。民営化のリスクをカバーするガバナンスの構築は容易でない。そのためには、水道事業の民営化に踏み切る前の慎重な見極めが必要であるとともに、民営化後の市民・行政による監視システム・評価システムの導入が必須であろう。世界の水道事業再公営化の現状を見た場合、日本の水道民営化の論点においても、水の安全保障という視点で、行政と企業との契約システムの変更への対応、貧困・困窮所帯への対応の明確化が今後の課題となろう。

※第3章は、下記の論文に加筆修正したものである。
　仲上健一、「世界の水道ビジネスと「再公営化」の流れ」、経済、262号、2018年6月
　仲上健一、「水インフラビジネスのアジア展開の可能性」、世界経済評論、Vol. 58、No. 5、2014年9月

【参考文献】
1)　日本水フォーラム、第6回世界水フォーラム速報 Vol. 2、2012年3月16日
2)　（財）水道技術研究センター、「水道ホッニュース第118号」、平成20年7月18日
3)　国際連合、SDGs「我々の世界を変革する：持続可能な開発のための2030アジェンダ」2015年9月25日第70回国連総会で採択（国連文書 A/70/L.1を基に外務省作成）

3　水ビジネスの国際的潮流と日本の対応

4）　ヴァイオレッタ・Q・ペレーズ・コラール、「マニラの水道民営化の失敗」、NGO
　　フォーラム・オン・ADB、「環境・持続社会」研究センター〈www.jacses.org/sdap/
　　water/report04.html〉

5）　吉村和就、『図解入門業界研究　最新水ビジネスの動向とカラクリがよ～くわかる本
　　［第2版］』、株式会社秀和システム、2017年

6）　水ビジネス国際展開研究会、「水ビジネスの国際展開に向けた課題と具体的方策」、平
　　成22年4月

7）　経済産業省、株式会社富士経済、「平成26年度インフラシステム輸出促進調査等事業
　　（水ビジネス市場に関する動向調査）報告書」、平成27年3月

8）　Pinsent Masons, "Pinsent Masons　Water Yearbook 2006-2007", 2006

9）　〈https://www.veolia.jp/ja/about-us/about-veolia〉

10）　山口信義、「フランスにおける水メジャーの動向とフランス国内の水道事業について」
　　「特集　地方自治体と国際水ビジネス」自治体国際化フォーラム　2012年1月

11）　ホームメイト電気会社/水道局/ガス会社リサーチ、テムズウォーター〈http://
　　www.homemate-research-infra.com/useful/18219_facil_100/〉

12）　Our public water future EDITED BY Satoko Kishimoto, Emanuele Lobina and Olivi-
　　er Petitjean, The global experience with remunicipalisation Published by Transnational
　　Institute（TNI）, Public Services International Research Unit（PSIRU）, Multination-
　　als Observatory, Municipal Services Project（MSP）and the European Federation of
　　Public Service Unions（EPSU）, APRIL 2015

13）　エマニュエレ・ロビーナ、岸本聡子、オリヴィエ・プティジャン、「世界的趨勢に
　　なった水道事業の再公営化」、Public Services International Research Unit（PSIRU）、
　　Transnational Institute（TNI）、Multinational Observatory、PSI加盟組合日本協議会
　　（PSI-JC）、2015年1月

14）　トランスナショナル研究所（TNI）、「公共サービスを取り戻す」、2017年6月
　　〈https://www.tni.org/en/publication/reclaiming-public-services〉

15）　総務省、「自治体水道事業の海外展開事例」、平成26年3月

16）　仲上健一、「水インフラビジネスのアジア展開の可能性」、世界経済評論、Vol. 58、
　　No. 5、2014年9月

17）　有働健一郎、「福岡市の国際的展開の取り組みについて」、月刊推進技術　Vol. 30、
　　No. 1、2016年1月

4 水道・下水道事業の民営化・広域化

2018年12月6日、「水道法の一部を改正する法律案」が可決された。本改正案の趣旨は、水道事業の基盤強化を図るため、水道法の目的を「水道の計画的な整備」から「水道の基盤の強化」に変更するとともに、関係者の責務を明確化し、広域連携や官民連携、適切な資産管理、指定給水装置工事事業者制度の改善を推進するものである。本法律案では、都道府県を「広域連携」の推進役と位置づけ、水道施設の運営権を「民間事業者に設定できる仕組みを導入する」とした、水道事業民営化の新たな展開の導火線となるものである。

4.1 水道事業の民営化

4.1.1 水道事業民営化をめぐる対立と安全

水道事業がグローバル化する国際潮流において、日本固有の水道事業の経営状況のみに固執するならば、世界の潮流から排除され孤立するであろう。「水道民営化」を議論する場合、多くの論点を踏まえた俯瞰的な考察とともに、現実のダイナミックな社会的変容についても注意深く見ることが重要である。

水道先進国である日本において、すでに個別事業の民間委託業務は進んでいる。その特徴としては日本の水道施設はほぼ完備しているため、運転・維持更新等の業務が主である。日本の最初の水道事業民営化事業としては、広島県三次市での2002年より三菱商事と日本ヘルスの合弁企業であるジャパン・ウォーターによる2つの浄水場の管理・運営および水質検査の委託業務である。2006年には、ヴェオリア・ウォーター社の日本法人、ヴェオリア・ウォーター・ジャパンが広島市と埼玉県の下水処理場のオペレーション・メンテナンスを相次いで受託した。2012年4月からは、松山市の浄水場の運転や設備の維持管理などの業務をヴェオリア・ウォーターの日本法人、ヴェオリア・ウォーター・

45

ジャパンが単独で日本の自治体の水道業務を初めて受託した。大阪市は、「水道事業について、公共性を担保しつつ、効率性・発展性が高められ、早期の実現可能性もある方法として、公共施設等運営権制度を活用した上下分離方式による経営形態見直しの検討」という政策を作成し、2014年4月に、「水道事業民営化基本方針（案）～公共施設等運営権制度の活用について～」を出した。[1]

大阪市の水道事業民営化の論点として、公共性の担保、効率性・発展性、早期の実現可能性が検討されている。特に、「水道事業にふさわしい経営形態」の模索は最大の課題であり、「民間事業者に、事業経営の自由と責任を最大限担わせるといった点においては、上下一体方式による民営化が望ましい。」、「一方で、水道は一日も欠かすことのできない、かつ代替のきかない事業であることから、上下一体方式とした場合に、市が水道施設を有しない中で、民間事業者が経営破たんに陥った際などには、その事業継続は極めて難しく、あわせて現行法の改正も含めた抜本的な制度構築が必要なことから、早期実現性の面においても課題は大きい。」と指摘している。[1]

イギリスにおける水道事業の民営化の議論から30年たった今日において、「公共性の担保」の意義をどのように理解し反映するかが、マネジメントの新たな挑戦となる。

4.1.2 水ビジネスと水道民営化

水道事業の民営化の背景となる、水ビジネスの構造と将来市場について整理する。多様な水問題の解決のためには、農業用水に代表される伝統的な管理技法の継承だけでは解決できないし、単純な水へのアクセス改善といった技術的対策のみでは十分な解決策は得られない。水資源の有効利用、下水の再生、海水の淡水化等の各分野の事業を推進していくためには、公共事業の拡充とともに、企業の水ビジネスの成熟も不可欠である。発展途上国・新興工業国においては、急速な経済発展を保証するために水ビジネスが求められており、ここにビジネスチャンスがある。

世界の水ビジネス市場の成長と比肩して、日本の水道事業は成熟期に入り特別な位置を示している。

日本の水道事業が直面する3つの課題として、①財政、②技術継承、③マネジメントがある。財政問題の背景は、①日本の総人口の減少による水需要の減少と給水収益の減少、②今後の更新事業の増大と水道事業体の抱える長期負債問題である。

日本の総人口は2010年の1億2,806万人から2055年には8,993万人に減少すると予測され、約半世紀後には現状の水源施設や水道施設が過剰なものとなる。総人口の減少による水需要の減少と給水収益の減少となる。一方、水道が日本全国で急速に普及した1960年代から70年代に整備された水道関連施設が21世紀になり、一斉に更新期を迎える。水道施設の全資産のうち、管路系の占める割合は約65%であり、国の水道管路総延長は、約66万km（2014年度）であり、このうち法定耐用年数（40年）を経過した管路は約12%である。1970年代に集中整備された管路が一斉に更新時期を迎え、10年後には2割、20年後には4割を超える見通しである。水道管路の劣化・老朽化が原因と見られる漏水（管路破損事故）が増加傾向にある。しかし、水道事業体においては維持更新財源が十分に確保されておらず、さらには、長期累積負債を抱えているのが実情である。この脆弱な財政体質を抱え、財政問題の厳しさが現実化する中で、水道事業の民営化への移行の議論が加速化されるであろう。

次に、技術継承の課題である。これは、上下水道建設の時代を担ってきた世代が定年退職し、その後、十分な補充人事が行われてこなかったことが主要な原因である。さらに、水道の管理の技術の高度化・情報化に伴い、新たな技術の習得の機会と実践の場が少ないことも背景にある。水質管理にも、新たなリスク管理が求められる今日、それらの技術の構築さらには継承が現状の事業体には困難な可能性もある。そこに、専門的技術を有する民間企業技術者集団に、部分的に民営化して管理委託することも起こるのである。

最後に、マネジメントの課題がある。水道事業分野において民間の活力を活用できる新たな経営手法に関する制度改正も進んできた。1997年7月30日法律第117号として、民間資金等の活用による公共施設等の整備等の促進に関する法律（PFI法）が施行され、2002年水道法の改正、2003年地方自治法の改正を背景に、2004年6月には、厚生労働省より水道ビジョンが発表され、多様な連

携の活用による運営形態の最適化が強調され、民営化が促進された。厚生労働省健康局による新水道ビジョン（2013年3月）では、水道の現状評価と課題として、次のように整理している。[2]

(1) **水道サービスの持続性は確保**

①現状評価　国民皆水道の実現（水道普及率97.5%）、世界に先駆けた技術開発等、水道技術の絶え間ない研鑽・進歩

②課題　料金収入の不足・減少による施設更新等の遅れ、人員削減・団塊世代の大量退職による職員の不足、人員不足に伴う技術の空洞化、災害時対応力の低下

(2) **安全な水供給の保証**

①現状評価　水道法に基づく水道水質基準の遵守、水質の安全性向上の実現

②課題　大規模な取水障害や断水を引き起こす可能性のある水源汚染リスクの存在、水安全計画策定の進捗の遅れ

(3) **危機管理への対応の徹底**

①現状評価　東日本大震災における、水道関係団体による応援活動の展開

②課題　水道事業の耐震化の進捗の遅れ、多様な災害等事象に対処する危機管理能力

　新水道ビジョンでは、「取り組みの目指すべき方向性」として、「時代や環境の変化に対して的確に対応しつつ、水質基準に適合した水が、必要な量、いつでも、どこでも、誰でも、合理的な対価をもって、持続的に受け取ることが可能な水道」をかかげ、「安全」「強靭」「持続」をスローガンとしている。水道関係者によって「挑戦」「連携」をもって取り組むべき方策として、「2関係者間の連携方策」があり、その内容として、（1）住民との連携（コミュニケーション）の促進（持／安／強）、（2）発展的広域化（持／強）、（3）官民連携の推進（持）、（4）技術開発、調査・研究の拡充（安／持）、（5）国際展開（持）、（6）水源環境の保全（持）が掲げられている。[3]

4.1.3　水道民営化の政策背景

　官民連携の推進において、「地方公共団体が経営する水道事業の人員、ノウ

4　水道・下水道事業の民営化・広域化

ハウなど公共側が持つ能力に応じ、弱点を補填できる公民連携（PPP：Public-Private Partnership）の活用検討」として、従来の個別委託（従来型業務委託）、第三者委託、指定管理者制度、公設民営方式（設計―建設―運営（DBO：Design Build Operate））、民設民営方式（PFI：Private Finance Initiative）から新たに公共施設等運営権（コンセッション方式）の試みが進行しつつある。[4]

　コンセッション方式が今次の水道法改定で実現化されることにより、水道資産を自治体が所有し、自治体と民間企業の契約により、民間企業が水道事業の運営権を獲得する制度が実現するであろう。この場合には、コンセッション方式導入において議論されているメリットの確認、デメリットの課題にどのように答えるのかが重要である。

　日本におけるPFI法が2011年6月に改正され、施設の所有権を公共機関に残したまま、運営を民間会社に委任する「公共施設等運営権制度（コンセッション）」が導入された。「日本再興戦略」改訂2014〜未来への挑戦〜（2014年6月24日閣議決定）」において、「集中強化期間における公共施設等運営権方式を活用したPFI事業の案件数について、重点分野ごとの数値目標（空港6件、上水道6件、下水道6件、道路1件）」が明記された。[5]

4.1.4　水道民営化の形態

　水道事業の民営化方式は、契約内容に応じて、以下に示すようにさまざまな形態が存在する。事業運営面で、民間事業者が全責任を有する「完全民営化」と部分的経営委託である一部民営化がある。完全民営化方式とは、水道事業を実施している地方公共団体が、民間事業者に水道資産を含めた水道事業を委譲・譲渡し、民間事業者が資産を保有した上で水道事業を経営するものである。一部民営化の方式は、事業権、施設の所有により以下のとおりに類型化される。[6]

①事業権付与（コンセッション契約、BOT契約、バルクサプライ契約）

　コンセッション契約　水道資産を地方公共団体が所有し、地方公共団体と民間事業者が事業権契約を締結することで、民間事業者が水道経営権を獲得する。

BOT（Build Own Operate Transfer）契約　新規に施設を建設、所有、運営
し、契約期間終了後は公に所有権を移転。

バルクサプライ契約　新規に浄水施設を建設、所有、運営し、公に水を販
売。

②建設と運営の分離（公設民営：リース、O&M、サービス）

リース契約　公所有の事業設備を民にリースし、民が水道システムの運営
のあらゆる側面に責任を負う。

O&M（Operate & Maintenance）　民が全面的にサービス提供し、施設の運
営管理を行う。

サービス契約　一部の機能について、民の経営管理に任せる。

③民設公営（BLT：Build Lease Transfer）　民が公共用地で新規施設を建設
し、公共組織にリース運営。

④ジョイントベンチャー　公と民が合弁会社を設立。

　水道事業の民営化の議論において、水道事業で求められる基本的要素は、①
公共性、②安全性、③継続性である。水道経営の課題として、上記のいずれの
方式を採用するかにかかわらず、現実的課題としてその可能性・妥当性が検討
されている。

　具体的には、「水道法の一部を改正する法律案」における「24条（許可の申
請）の明確化、六、災害その他非常の場合における水道事業の継続のための措
置、七、水道施設運営等事業の継続が困難となった場合における措置、八、選
定事業者の経常収支の概算」に関する対策的検討が必須である。さらには原水
汚染の行政対応（利根川・ホルムアルデヒド）の教訓とした危機管理方式の確
立、また民営化した場合の情報公開制度や現在地方公共団体で実施されている
低所得者への対応についての保証であろう。そのためには、民間事業者の責任
と経営の自由度が大きく増すため、水道事業のガバナンス、例えば議会の位置
づけ強化、自治体の経験の尊重の確立や自治体間連携の確保が必要であろう。
水道事業の民営化の健全性を保つためには、政府から独立した機関として消費
者保護を目的とする監視機関の設置、さらには世界の民営化・再公営化に関す
る情報のデータベースの構築が求められる。水道事業に関する情報公開・個人

4 水道・下水道事業の民営化・広域化

情報の保護、そして社会的正義の証左としての低所得者への配水義務が求められる。

4.2 水道・下水道事業の広域化

　水道・下水道事業の広域化は、民営化の課題と同様に将来の事業経営戦略の重要な課題である。「公営企業の経営のあり方等に関する調査研究会報告書」（2015年3月）において、インフラ資産規模の大きい水道・下水道の経営環境を「人口減少等による料金収入の減少」、「施設整備の老朽化の急激な進展」と深刻な背景を問題意識に持ち、広域化・民間活用による手法による勝井結策を模索しているのが特徴である。広域化の手法としては、「企業団による水平統合等」、「区域外給水等」、「施設の共同設置」、「用水と末端の垂直統合」、「都道府県の役割」、「民間主体の役割」が提言されている。特に、都道府県には「情報を共有し、検討する場を主導」、「条件不利地域には、主体的に技術・人的支援」、市町村には「先進事例の積極的活用」、「中核的な市や都道府県が進める広域化に積極的に参加」が求められる役割と設定されている。[7]

　水道法・下水道法の改正案が具体化する今日、広域化の課題を明らかにするとともに、水循環を活かしたまちづくりの展望を切り拓く時期が到来しているといえよう。

4.2.1　水道・下水道事業における「広域化」をめぐる法律改正の動き

　2017年3月7日、政府は「水道法の一部を改正する法律案」を閣議決定し、衆議院に提出した。平成30年第196回国会衆院厚生労働委員会は6月29日から、地方自治体の水道事業の運営権の民間企業への委託（コンセッション方式）を推進する水道法改定案を実質審議入り7月4日に衆議院で可決し、その後参議院には送られたものの審議入りせず継続審議となった。

　本改正案の趣旨は、水道事業の基盤強化を図るため、法律に掲げている目的を「水道の計画的な整備」から「水道の基盤の強化」に変更するとともに、関係者の責務を明確化し、広域連携や官民連携、適切な資産管理、指定給水装置

51

工事事業者制度の改善を推進するものである。本法律案の特徴は、都道府県を「広域連携」の推進役と位置づけ、水道施設の運営権を「民間事業者に設定できる仕組みを導入する」といえよう。水道法は、昭和32年6月15日法律第177号として制定され、第一条には、「この法律は、水道の布設及び管理を適正かつ合理的ならしめるとともに、水道を計画的に整備し、及び水道事業を保護育成することによって、清浄にして豊富低廉な水の供給を図り、もつて公衆衛生の向上と生活環境の改善とに寄与することを目的とする。」と規定され、国民の「命の水」の基盤となっている。

一方、下水道は、平成28年2月の社会資本整備審議会・都市計画・歴史的風土分科会都市計画部会河川分科会答申「新しい時代の下水道政策のあり方について」を受け、下水道法等の改正案（水防法等の一部を改正する法律案）を第189回国会に提出、衆議院、参議院ともに全会一致で可決され、5月20日に公布された。改正においての、「広域化・共同化を促進するための協議会制度の創設」を目指す趣旨として、「地方公共団体の下水道の管理体制の脆弱化が懸念される中、広域的な連携により管理の効率化を図ることが重要と考えている。これまでも、一部の地方公共団体では、複数の市町村等による汚泥処理の広域化や維持管理業務の一括発注などが行われているが、このような取組を今後より一層促進することを目的として、本規定を設けるものである。」が掲げられ、今後、広域化・共同化を具体的に進めていくための支援方策等が推進される状況にある。

4.2.2 公営企業における広域化の現状

2015年12月24日、経済財政諮問会議は「経済・財政再生計画改革工程表」を決定した。[8]経済・財政再生計画では、1．社会保障分野、2．社会資本整備等、3．地方行財政改革・分野横断的な取組、4．文教・科学技術、外交、安全保障・防衛等多岐にわたって、約80の改革項目が掲げられた。それら一つ一つについて、経済・財政再生アクション・プログラムや改革工程表が策定され、2016～18年度は集中改革期間とされ、現在は取り組の評価や進捗管理、ＰＤＣＡサイクルの確立など、改革が進められている。[9]

52

「公営企業における広域化等の推進について」（2015年12月24日経済財政諮問会議決定資料7-1-1）によれば、「水道事業・下水道事業・病院事業における広域化等の推進について」の「事業の状況」、「広域化の方向性」、「推進のための取組」を次のように整理している。

(1) **水道事業**

「事業の状況」・単独の市町村営による水道事業が基本

　　地域によって、都道府県営による末端給水事業・用水供給事業、一部事務組合（企業団）による末端給水事業・用水供給事業などの事業主体が存在

「広域化の方向性」

　　各事業者が地域の実情に応じて、さまざまな手法について幅広く検討を行い、適切な広域化等の形を選択の上、経営の基盤強化を推進

「推進のための取組」

　　総務省の要請（平成28年2月）を受け、46道府県が水道事業における都道府県単位の広域化等の検討体制を平成28年度中に設置予定

(2) **下水道事業**

「事業の状況」

　　下水道には、市町村が運営する公共下水道・集落排水処理施設・浄化槽など多様な施設が存在

　　　複数市町村をまたがる流域をカバーする流域下水道も普及

「広域化の方向性」

　　国土交通省、農林水産省、環境省の関係3省庁が「都道府県構想」の見直し推進

　　法定協議会制度（平成27年度の下水道法改正により創設）の活用を支援

「推進のための取組」

　　総務省としても、広域化等の検討を踏まえた経営戦略の策定を各地方公共団体に要請

2016年3月2日には、「水道事業の広域連携の推進について」（厚生労働省医薬・生活衛生局生活衛生・食品安全部水道課長通知）が通達された。そこでは、「市町村担当課等の関係部局と十分に連携・協力の上、市町村等の水道事業の広域

連携について、早期に検討体制を構築し、検討を進めていただくようお願いします。」と広域連携の推進が要請されている。

一方、下水道に関しては、2017年2月2月付下水道事業課長通知では、「社会資本整備総合交付金等を活用した下水処理場の改築にあたってのコンセッション方式の導入及び広域化に係る検討要件化、汚泥有効利用施設の新設にあたってのPPP/PFI手法の導入原則化について」が明確化され、以下の3点が示された。

①社会資本整備総合交付金等を活用して下水処理場における各施設の改築を行うにあた

っては、予めコンセッション方式の導入に係る検討を了していることを交付要件とすることとした。

②交付金等を活用して下水処理場における各施設の改築を行うにあたっては、予め当該処理場の統廃合に係る検討を了していることを交付要件とすることとした。

③同交付金等を活用して汚泥有効利用施設の新設を行うにあたっては、原則としてPPP/PFI手法（コンセッション、PFI、DBO、DBをいう。以下同じ）を活用することを交付要件とすることとした。

このように、法律改正とともに、上水道事業、下水道事業における広域化は民営化と一体化して進んでいこうとしている。

4.2.3　水道事業・下水道事業における広域化の現状と課題

(1)　水道事業

広域水道は、市町村経営原則とする1890年施行の水道条例直後の1898年の東京市水道の給水開始に始まる。その後、鹿屋串良水道企業団（1924年）、阪神水道企業団（1942年）の用水供給事業に見られるように、市町村の水道事業の歴史とともに長い歴史を刻んできた。近年の広域化の特徴は、次のように整理できる。[10]

①広域化の適用要件を大幅に緩和

②運営基盤の強化を主たる目的に位置づけ

太田は、新たな広域化に関する課題を次のように整理した。[10]

1）新たな広域化の上位目的を明確にすること

　①流域ごとに統合的水管理システムとの関連性を明確化

　②縮小・再編を基調にした需要と供給の最適化を日指す

2）広域化に関する技術と制度を明確にすること

　①エンジニアリングとしての有効な計画論を示す

　②国・都道府県・市町村の制度論を明確にする

3）　新たな広域化の将来像と「水道整備基本構想」

　①新たな広域化にもとづく水道のグランドデザインを示す

　②基本構想」および「広域計画」の検証と見直し

⑵　**下水道事業**

　下水道事業の現状・課題として、①職員減少、②施設老朽化、③使用料収入減少があり、そのための対策として、「多くの公共団体において、従来通りの事業運営では持続的な事業の執行が困難になりつつある。執行体制の確保や経営改善により良好な事業運営を継続するために、様々な取組が必要。」という経営理念である。「スケールメリットを活かし、維持管理や事務の共同化によるコスト削減」を目的として「広域化・共同化」が指向されている。[11]

　新下水道ビジョン（2014年7月策定）における、第4章　下水道長期ビジョン実現に向けた中期計画、第2節「『循環のみち下水道』の進化」に向けた中期計画、第3節　施策展開の視点における、（3）広域化・共同化と他分野との連携、では、「人的、財政的制約が強まる中、施設を適切に管理するとともに、低炭素・循環型社会の形成を図るためには、スケールメリットをいかすとともに、限られた人材を有効に活用することが必要である。市町村合併後には施設整備や維持管理の広域化・共同化が実施されてきているが、今後本格化する人口減少社会では、既存施設の活用等において、行政界を越えた複数の地方公共団体間における広域化・共同化、さらには、環境、水道、河川、廃棄物、農水産業等の他分野との連携を一層図っていくことが期待されている。」と広域化推進の背景として、スケールメリット及び人材活用さらには人口減少社会への対応が掲げられている。[12]

広域化・共同化の形態としては、１）施設の共同化・統廃合（①汚泥処理の共同化、②汚水処理施設の統合化）、２）維持管理の共同化、事務の共同化（①補完者を活用した維持管理や事務の共同化、②中核市等を中心とした複数市町村による維持管理や事務の共同化、③複数市町村による維持管理や事務の共同化）、があり、国土交通省の支援等により、都道府県、大都市、中小都市、その他でそれぞれ広域化の具体化が進行しつつある。「地方公営企業の抜本的な改革等に係る先進・優良事例集」（総務省自治財政局企業課、2017年３月）では、水道事業・下水道事業の「広域化等」、「民間活用」についての事例が紹介されている。特に、事例において、「３．他の自治体の参考となる点、今後の課題等」を注意深く検証する必要がある。

4.3　広域化の対抗策としての住民のための「命の水」

　上水道・下水道における広域化のメリット・デメリットおよび限界については、現在進行中の広域化・共同化事業の検証が必要であるが、特に、「取組の具体的内容とねらい、効果」についての検証が必要である。今日の新たなる広域化は、①広域化の適用要件を大幅に緩和、②運営基盤の強化、が特徴であり、現状の深刻な上下水道運営の課題解決の視点について、利用者である地域住民の視点ならびに、地方自治体を基礎とした持続可能な運営の視点についての議論および住民の納得が求められる。

　そのためには、上水道・下水道事業経営という視点のみならず、将来を見据えた水循環を活かしたまちづくりおよび、水循環とリスク・マネジメントの広範な視点が求められる。

　そのためには、上水道・下水道の広域化にあたっての条件として、次の４点を検討視点として提案する。

①地域の上水道・下水道の状況を的確に踏まえ、持続可能な視点で「広域化」へ移行することの必然性があること。

②上下水道事業の広域化による効果の検証とともに、住民の負担についての検証を行うこと。

③「広域化」による運営が困難になった場合、および課題が新たに発生した場合への対処方法を、地方自治体の議会における参加とともに承認により問題を解決すること。

④地域の地理的条件を活かした「広域化」の検証とともに、災害に対する対応について取り組みが従前の事業運営より十全であること。

上下水道事業の広域化は、長い歴史を踏まえながらも、現在大きく転換しつつある。「民営化」・「広域化」におけるメリット・デメリットの明確化とともに、その限界についても厳しい認識が必要である。しかしながら、「命の水」を守り提供する上下水道事業は、実験は許されない。そのためには、「民営化」・「広域化」を超える第三の道を構想し準備する時代が到来したといえよう。

【参考文献】

1) 大阪市水道局、「水道事業民営化基本方針（案）～公共施設等運営権制度の活用について～」、平成26年4月

2) 厚生労働省健康局水道課「新水道ビジョン（参考）」、平成25年4月

3) 厚生労働省健康局水道課、「水道事業における官民連携について」、平成26年度第3回官民連携推進協議会（仙台）、平成26年12月5日

4) 椿本祐弘、「問題多いコンセッション方式 大阪市が進める水道民営化 海外で相次ぐ失敗例に学べ」、エコノミスト、2015年3月3日特大号

5) 閣議決定、「日本再興戦略」改訂2014―未来への挑戦―「官民連携の推進に係る政府決定事項」、平成26年6月24日

6) 公益社団法人日本水道協会、「水道事業における民間的経営手法の導入に関する調査研究報告書」平成18年3月

7) 一般財団法人自治総合センター、「公営企業の経営のあり方等に関する調査研究会報告書～公営企業の広域化・民間活用の推進について～（人口減少社会における公営企業の新たな展開等について）」、平成27年3月

8) 経済財政諮問会議「経済・財政再生計画改革工程表」、平成27年12月24日

9) 鈴木準・神田慶司、「「経済・財政一体改革」の意義と可能性～「見える化」が改革の推進力～」、大和総研調査季報 2016年 秋季号 Vol. 24、2016年10月

10) 太田正、「水道広域の動向と事業構造の再編」、水資源・環境研究、Vol. 25、No. 1、2012年12月

11) 国土交通省水管理・国土保全局下水道部下水道事業課事業マネジメント推進室、「下水道事業の広域化・共同化について」、平成29年3月17日

12) 国土交通省水管理・国土保全局下水道部、公益社団法人日本下水道協会「下水道政策研究委員会報告書　新下水道ビジョン〜「循環のみち」の持続と進化〜」、平成26年 7 月

5 地方創生と湖沼環境保全政策

　2015年国勢調査の人口等基本集計結果において、大正９年（1920年）の調査開始以来、初めての減少（2010年から0.8％減、年平均0.15％減）が報告された。特に、注目すべきは、８都県で人口増加、39道府県で減少と都市圏の増加と地方圏の減少という特徴を示した。すなわち、東京圏（東京都、神奈川県、埼玉県、千葉県）の人口は3,613万685人で、全国の28.4％を占め、2010年と比べると、51万2,121人の増加した。[1] さらに、人口が減少した市町村は1,419市町村（82.5％）で、５％以上人口が減少した市町村の割合は48.5％に拡大した。総人口に占める65歳以上人口の割合は23.0％から26.6％に上昇し、地方における自治体の急激な人口減少・高齢化現象の実態を浮き彫りにした。[1] 今回の国勢調査に見られる人口動態の傾向は、今後さらに加速することが予測され、地方創生の方策の検討において、従来の人口をベースにした解決の模索は一層困難になるであろう。このような人口趨勢が続くならば、地方創生策は従来型の人口減少・超高齢化現象に対処した方策を見出すだけでは不十分であり、活路を見出すためのパラダイム転換のための新たな視点と戦略が必要となる。本章では、地方創生の実現化の視点として、琵琶湖の総合開発と湖沼環境保全政策の展開を素材に地方創生のあり方について展望する。

5.1　地方創生と琵琶湖総合開発事業

5.1.1　全国総合開発計画から地方創生への転換の可能性

　戦後の国土復興から立ち上がり、経済成長を推進するために全国総合開発計画方式で、今日に至るまで一貫して地域間の均衡ある発展を目指してさまざまな施策が展開された。全国総合開発計画（1962年10月５日）の「まえがき」には、国土総合開発の究極の目標を、「資源の開発、利用とその合理的かつ適切

な地域配分を通じて、わが国経済の均衡ある安定的発展と民生の向上、福利の増進をはかり、もつて、全地域、全国民がひとしく豊かな生活に安住し、近代的便益を享受しうるような福祉国家を建設することにある。」と掲げている。さらに、その目標を達成するための施策に対しても、「たんに経済効果等にとらわれることなく、地域間の格差是正に重点をおいて、その整備拡充をはかること。」、「地域間格差是正の見地から整備をはかる必要があるが、他方当面する貿易自由化等の趨勢に対処し、国民経済的視野にたって適切な産業立地体制を整えることをあわせ考慮すること。」と地域の発展とともに国家の経済成長をも目指している。しかしながら、計画策定から55年を経過した今日においても、都市と地方との格差は、人口・産業においてもますます拡大しつつあるのが実情である。全国総合開発計画の目標を達成するために、引き続き、新全国総合開発計画（1969年5月30日；豊かな環境の創造）、第三次全国総合開発計画（1977年11月4日；人間居住の総合的環境の整備）、第四次全国総合開発計画（1987年6月30日；多極分散型国土の構築）が策定された。第四次全国総合開発計画においては、1986年度から2000年度で約1,000兆円程度（1980年価格）が投資された[2]。これらの投資は、公共投資として、主として国土形成のインフラストラクチャー整備に配分され、国民の利便性・快適性の向上に資することはあったものの、都市と地方との格差を助長するという結果となった。全国総合開発計画における基本目標である「地域間の均衡ある発展」は、多額の投資のもとに追求されてきたが、理念の多重性・曖昧性のもとに目標を達成することなく、21世紀の国土のグランドデザイン（1998年3月31日；多軸型国土構造形成の基礎づくり）の推進のもとに、全国総合開発計画という名称は消滅した。すなわち、国土総合開発法は2005年に抜本的に改正され国土形成計画法となり、1950年の同法制定に始まる全国総合開発計画の歴史に一応の区切りがついたのである[3]。

　全国総合開発計画における、合理的かつ適切な地域配分を通じた、全地域、全国民がひとしく豊かな生活に安住するという理念は、地方の都市への依存体質構造を定着させたのみならず、自立する可能性を醸成するには至らなかったのである。

　21世紀の国土のグランドデザインは、従来の全国総合開発計画とは異なり、

5　地方創生と湖沼環境保全政策

投資総額を示さず、投資の重点化、効率化の方向を提示するという柔軟な方式であるが、地方の人口減少は加速化され、内閣府の『地域の経済2014』によれば、「地方（3大都市圏を除く地域、以下同じ）において人口が増加した市町村をみると、人口が増加した市町村の割合は、1995年度には全団体の約3割となっていたが、その後低下傾向となり、2013年には約1割（1,256団体中148団体、11.8％）となっている。」と20年間における地方の厳しい現実を報告した[4]。

　国勢調査始まって以来の人口減少が現実化した今日において、このような傾向は今後ますます顕著になることが想定される。しかしながら、地方においても人口増加した地区も存在し、地域資源の有効な活用をもとに地方創生を目指していることがうかがえる。

　内閣府は、地方における人口増加地区の人口動向と活性化に向けた取り組みとして、次の4点を指摘している[5]。

　①地方において人口が増加した市町村を見ると、人口規模10万人超の産業の拠点等が所在する都市と、その周辺の市町村が多い。

　②こうした市町村では、周辺に比べ有効求人倍率や世帯主の正規雇用比率が高く、また、子育て世代の人口割合が高くなっている場合が多い。

　③地方において人口増加を目指すためには、良好で安定した雇用環境の実現、子育て支援策の充実等が重要。

　④条件不利地域等において活性化の取組を進める団体の中に、人口動向が改善した団体がある。

　これらの団体では、総じて人口の社会増減率の改善の寄与が大きく、観光業や一次産品の加工販売など地域の自然環境を活かした取組の効果が見られる。

　地方創生を人口という要素を基軸に論じることの厳しさのみに拘泥されるのではなく、条件不利地域等における社会増のための創意工夫（観光資源・地元の一次産品・ICT インフラおよび事業所誘致・児童、生徒の呼び込み等）を教訓化することは必須の課題である。地域のあり方を基本とした創意工夫にも、長期的展望を考慮した場合、そこには限界があり、国内的解決を超えたグローバルな視野での政策展開による模索が必要である。

　日本の総人口は、今後、長期の人口減少過程に入り、2026年に人口1億

61

2,000万人を下回った後も減少を続け、2048年には9,913万人となり、平成2060年には8,674万人、2110年には4,286万人になると推計されている。[5] このような趨勢のもとで、人口減少を食い止め、経済を再活性化するという方向性の追求は、個別的にはありえても全体的にはありえないものである。もし、人口維持・増加に固執するならば、観光客（国内外）の誘致、移民政策の大胆な転換が議論されなければならない。今の時点で考えるべきは、来るべき50年後の日本総人口8,000万人に対する計画志向の転換、産業構造の転換をはじめ、計画目標の再設定を図ることであろう。例えば、地方創生のキーワードを地方・都市という対立構造から地域の特性を活かしたグローバル的特徴を持った個性の発揮という発想の転換が必要である。そのためには、人口・経済というこれまでの基本概念を地域の資源・環境の価値という視点で見つめ直すことが重要である。すなわち、孤立を深める地方の概念を転換し、広くグローバリゼーションの視点で地方を見つめ直し、再評価することが重要である。

5.1.2 地方創生方策としてのグローバル・サステイナビリティ

地方創生方策は、緩慢な制約条件としての人口減少・高齢化、産業の衰退、インフラ整備の未対応等があり、ショック的な制約条件として将来的に予測される首都直下型地震・南海トラフによる壊滅的な人的・国土被害による影響、さらにはアジア情勢や難民問題等の国際関係、そして気候変動による影響などがある。これらの課題に対応するためには、地方自治体においても、企業における事業継続計画（BCP：Business Continuity Plan）に対応した地方継続計画の策定が求められる。

今日においては、地方の課題は地球全体の課題に直結しており、域学連携・里海連携・プラチナ構想ネットワークのような人・組織連携を基礎としたローカルのサステイナビリティを確立することがグローバル・サステイナビリティの構築の基本となる時代になりつつある。

グローバル・サステイナビリティの理論としては、「環境資源制度の構築と、経済的、社会的な発展あるいは格差という問題を統合的に解決する理論、方向性」としてとらえることができ、「環境経済戦略の具体化だけでなく、雇

Horitsubunka-sha Books Catalogue 2019

法律文化社 出版案内 2019年版

■新テキストシリーズ登場！

ユーリカ民法 田井義信 監修
- 2 物権・担保物権 渡邊博己 編　2500円
- 3 債権総論・契約総論 上田誠一郎 編　2700円
- 4 債権各論 手嶋豊 編　2900円

【続刊】1 民法入門・総則
　　　　5 親族・相続

スタンダード商法
- I 商法総則・商行為法 北村雅史 編　2500円
- V 商法入門 高橋英治 編　2200円

【続刊】II 会社法　III 保険法
　　　　IV 金融商品取引法

■ベストセラー

憲法ガールII
大島義則　2300円
小説形式で司法試験論文式問題の解き方を指南。

憲法ガール Remake Edition
大島義則　2500円
2013年刊のリメイク版！

好評シリーズのリニューアル

新プリメール民法
2500〜2800円
1 民法入門・総則
2 物権・担保物権法
3 債権総論
4 債権各論
5 家族法

新ハイブリッド民法
3000〜3100円
1 民法総則
3 債権総論
4 債権各論

【順次改訂】
2 物権・担保物権法
5 家族法

法律文化社　〒603-8053 京都市北区上賀茂岩ヶ垣内町71　TEL075(791)7131　FAX075(721)8400
URL:http://www.hou-bun.com/　◎本体価格（税抜）

法律

大学生のための法学 長沼建一郎
● キャンパスライフで学ぶ法律入門　2700円

スポーツ法へのファーストステップ
石堂典秀・建石真公子 編　2700円

イギリス法入門 戒能通弘・竹村和也
● 歴史、社会、法思想から見る　2400円

「スコットランド問題」の考察
● 憲法と政治から　倉持孝司 編著　5600円

法の理論と実務の交錯　11600円
● 共栄法律事務所創立20周年記念論文集

スタディ憲法
曽我部真裕・横山真紀 編　2500円

大学生のための憲法
君塚正臣 編　2500円

講義・憲法学　3400円
永田秀樹・倉持孝司・長岡 徹・村田尚紀・倉田原志

憲法改正論の焦点 辻村みよ子
● 平和・人権・家族を考える　1800円

離島と法 榎澤幸広　4600円
● 伊豆諸島・小笠原諸島から憲法問題を考える

司法権・憲法訴訟論 上巻／下巻
君塚正臣　上：10000円／下：11000円

司法権の国際化と憲法解釈 手塚崇聡
● 「参照」を支える理論とその限界　5600円

行政法理論と憲法
中川義朗　6000円

大学における〈学問・教育・表現の自由〉を問う
寄川条路 編　926円

公務員をめざす人に贈る 行政法教科書
板垣勝彦　2500円

公共政策を学ぶための行政法入門
深澤龍一郎・大田直史・小谷真理 編　2500円

過料と不文の原則
須藤陽子　3800円

民法総則　2000円
生田敏康・下田大介・畑中久彌・道山治延・蓑輪靖博・柳 景子

民法の倫理的考察 ● 中国の視点から
趙 万一／王 晨・坂本真樹 監訳　5000円

電子取引時代のなりすましと「同一性」外観責任
臼井 豊　7200円

組織再編における債権者保護
● 詐害的会社分割における「詐害性」の考察
牧 真理子　3900円

会社法の到達点と展望
● 森淳二朗先生退職記念論文集　11000円

―社会の事象を検証する―

◆法学の視点から

18歳から考える家族と法　2300円
[〈18歳から〉シリーズ]

二宮周平

ライフステージの具体的事例を設け、社会のあり方を捉えなおす観点から家族と法の関係を学ぶ。

◆政治学関係の視点から

デモクラシーとセキュリティ　3900円
グローバル化時代の政治を問い直す

杉田 敦 編

境界線の再強化、テロリズム、日本の安保法制・代議制民主主義の機能不全など政治の諸相を深く分析。

◆平和学の

沖縄平和アジェン
怒りを力にする視

ベーシックスタディ民事訴訟法 越山和広	3000円
刑事訴訟法の基本 中川孝博	3200円
労働者のメンタルヘルス情報と法 ●情報取扱い前提条件整備義務の構想 三柴丈典	6200円
住宅扶助と最低生活保障 ●住宅保障法理の展開とドイツ・ハルツ改革 嶋田佳広	7000円
公害・環境訴訟講義 吉村良一	3700円

政治/平和学・平和研究/経済・経営

民意のはかり方　吉田徹 編 ●「世論調査×民主主義」を考える	3000円
「政治改革」の研究　吉田健一 ●選挙制度改革による呪縛	7500円
都道府県出先機関の実証研究 ●自治体間連携と都道府県機能の分析 水谷利亮・平岡和久	5200円
地方自治論　幸田雅治 編 ●変化と未来	2800円
いまから始める地方自治 上田道明 編	2400円
日本外交の論点 佐藤史郎・川名晋史・上野友也・齊藤孝祐 編	2400円
安全保障の位相角 川名晋史・佐藤史郎 編	4200円
「街頭の政治」をよむ ●国際関係学からのアプローチ 阿部容子・北 美幸・篠崎香織・下野寿子 編	2500円
グローバル・ガバナンス学 グローバル・ガバナンス学会 編	
Ⅰ理論・歴史・規範 大矢根聡・菅 英輝・松井康浩 責任編集	3800円
Ⅱ主体・地域・新領域 渡邊啓貴・福田耕治・首藤もと子 責任編集	3800円
環境ガバナンスの政治学　坪郷 實 ●脱原発とエネルギー転換	3200円
国際的難民保護と負担分担　杉木明子 ●新たな難民政策の可能性を求めて	4200円
SDGsを学ぶ　高柳彰夫・大橋正明 編 ●国際開発・国際協力入門	3200円

◆社会学の視点から

アニメ聖地巡礼の観光社会学　2800円
コンテンツツーリズムのメディア・コミュニケーション分析

岡本 健

国内外で注目を集めるアニメ聖地巡礼の起源・実態・機能を、聖地巡礼研究の第一人者が分析。

◆社会保障の視点から

貧困と生活困窮者支援　3000円
ソーシャルワークの新展開

埋橋孝文
同志社大学社会福祉教育・研究支援センター 編

相談援助活動の原点を探り、研究者が論点・争点をまとめ、理論と実践の好循環をめざす。

視点から

|論の
ド | 2500円 |

星野英一・島袋 純・高良鉄美・阿部小涼・里井洋一・山口剛史

平和と正義を手に入れるための方途を探る、沖縄発「平和論」。

核の脅威にどう対処すべきか
●北東アジアの非核化と安全保障
鈴木達治郎・広瀬 訓・藤原帰一 編 3200円

平和をめぐる14の論点 日本平和学会 編
●平和研究が問い続けること 2300円

現代地域政策学 入谷貴夫 5300円
●動態的で補完的な内発的発展の創造

グローバリゼーション下のイギリス経済
●EU離脱に至る資本蓄積と労働過程の変化
櫻井幸男 5200円

生活リスクマネジメントのデザイン
●リスクコントロールと保険の基本
亀井克之 2000円

社会学／社会一般／社会保障・社会福祉／教育

変化を生きながら変化を創る 4000円
●新しい社会変動論への試み 北野雄士 編

在日朝鮮人アイデンティティの変容と揺らぎ
●「民族」の想像／創造 鄭 栄鎮 4900円

教養のためのセクシュアリティ・スタディーズ
風間 孝・河口和也・守 如子・赤枝香奈子 2500円

人口減少を乗り越える 藤本健太郎
●縦割りを脱し、市民と共に地域で挑む 3200円

貧困の社会構造分析
●なぜフィリピンは貧困を克服できないのか
太田和宏 5500円

日常のなかの「フツー」を問いなおす
●現代社会の差別・抑圧
植上一希・伊藤亜希子 編 2500円

テキストブック 生命倫理
霜田 求 編 2300円

協働型社会と地域生涯学習支援
今西幸蔵 7400円

新・保育環境評価スケール②〈0・1・2歳〉
T.ハームス 他／埋橋玲子 訳 1900円

新・保育環境評価スケール③〈考える力〉
C.シルバー 他／平林 祥・埋橋玲子 訳 1900円

新時代のキャリア教育と職業指導
●免許法改定に対応して 2200円
佐藤史人・伊藤一雄・佐々木英一・堀内達夫 編著

改訂版

ローディバイス法学入門〔第2版〕
三枝 有・鈴木 晃 2400円

資料で考える憲法
谷口真由美 編著 2600円

いま日本国憲法は〔第6版〕●原点からの検証
小林 武・石埼 学編 3000円

家族法の道案内
川村隆子 著 2600円

テキストブック 法と国際社会〔第2版〕
徳川信治・西村智朗 編著 2300円

国際法入門〔第2版〕 ●逆から学ぶ
山形英郎 編 2700円

レクチャー国際取引法〔第2版〕
松岡 博編 3000円

18歳から考えるワークルール〔第2版〕
道幸哲也・加藤智章・國武英生 編 2300円

労働法Ⅱ〔第3版〕●個別的労働関係法
吉田美喜夫・名古道功・根本 到 編 3700円

18歳からはじめる環境法〔第2版〕
大塚 直 編 2300円

新版 日本政治ガイドブック ●民主主義入門
村上 弘 2400円

新版 はじめての環境学
北川秀樹・増田啓子 2900円

新・初めての社会保障論〔第2版〕
古橋エツ子 編 2300円

用・社会保障や地域経済、あるいは日本の産業のあり方」について戦略的構築が重要であろう[6]。

サステイナビリティ評価における考え方として、「強い持続可能性」すなわち、「自然資本は人口資本と代替性を持たない。環境の状態は維持もしくは改善されるべきである。」と「弱い持続可能性」すなわち、「環境は人口資本によって代替できる。」がある[7]。人口資本が確実に減少化傾向にある日本における地方創生の議論においては、「強い持続可能性」の視点で、グローバル・サステイナビリティの理論構築を創出することが今後の課題であろう[8]。

地方創生方策としてのグローバル・サステイナビリティの視点として、次の3点での施策の展開が求められる。

①地域資源を生態系サービスとして再評価する。

②地域資源をローカルな位置づけのみならず、国家的位置づけにより、グローバル・サステイナビリティの可能性について検討する。

③2066年の人口シミュレーションを行い、人口現象（減少・高齢化）に依拠しない地域資源　に立脚した地方創生プランの計画を策定する。

以上の施策は、孤立するローカルとしての地方の発想を、グローバルとしての位置づけで、地方創生を図るための課題である。

5.1.3　琵琶湖総合開発事業の評価

1972年6月に制定された琵琶湖総合開発特別措置法（10年の時限立法）による琵琶湖総合開発計画（同年12月）の事業目的は、「自然環境と水質の回復」、「資源の有効活用」、「琵琶湖及びその周辺地域の保全・開発・管理の総合的施策の推進」とされ、その目的を達成するための事業として、「保全」、「利水」、「治水」が総合的事業として推進された。当初計画事業費4,266億円が昭和57年改定計画事業費では1兆5,249億円、平成4年改定計画事業費では1兆8,636億円と増加した経緯を有する。特に、水質保全事業の中で最大の事業である下水道事業は4,594億円となり、これは当初計画の全体事業費を上回り、下水道だけに限っても当初計画の約7.8倍に増大する結果となった。昭和57年改定計画では、琵琶湖の水質保全の緊急性が高まったことを背景に、水質保全事業が事業

の種類とともに事業費が増大されたことによる。しかしながら、水質保全事業における最大の下水道事業の成果である下水道普及率は滋賀県下で32.3%（1992年度）であり、下流府県の80～85%（流域関連市町村のみの集計結果）と比較しても極めて低い状況にある。[9] この事実と、琵琶湖の水質の状況、例えばCOD（化学的酸素要求量）が1976年度～1980年度まで2.4ppmと増加し、その後1984年度までやや減少し、それ以降は漸増の傾向にあることを考えるならば、琵琶湖総合開発事業の水質保全に対する効果を再び問い直すことが求められるであろう。例えば、流域人口を見るならば、下流府県が人口低下の傾向を示しているのに対して、滋賀県のみ漸増傾向を示していることである。これは、琵琶湖総合開発事業以前は農業県であった滋賀県が、全国有数の工業県さらに大阪都市圏の住宅圏域へ転換した事実が計画当時の環境と大きく変化したことを意味している。

　琵琶湖総合開発事業は、日本の水資源開発事業上のみならず国土開発計画においても、画期的な制度や計画技法を生み出すとともに、一方では上下流間の交流、さらには環境保全をめぐっての行政と住民との対立等、さまざまな論点や大きな足跡を残した。

　琵琶湖総合開発が終結した今日においても、「琵琶湖の将来に重要だと思われること」に対する流域住民の意識調査[10]においても、第1位・水質保全（51.4%）、第2位・生物や生態系の保全（16.2%）、第3位・県内への水の安定供給（13.0%）と圧倒的に琵琶湖の環境保全に対する事業の重要性の指摘が見られる。

5.2　ポスト琵琶湖総合開発事業と関西都市圏の整備の展開

5.2.1　「ポスト琵琶総」の評価視点

　20世紀を代表する総合開発事業であった「琵琶湖総合開発事業」の今後の政策展開である「ポスト琵琶総」が新たな論点として提起すべきは、琵琶湖総合開発事業における水資源開発・地域開発・水質環境保全の論点から近畿圏全体と連携した琵琶湖保全・都市圏整備・環境創造への展開としての論点が求めら

れる。

「ポスト琵琶総」の評価視点として、琵琶湖総合開発計画の計画技法的評価、琵琶湖総合開発事業の成果の総合評価、21世紀における琵琶湖保全政策、近畿圏・滋賀県の国土・地域政策評価がある。この3つの評価視点で以下の検討を進めよう。

琵琶湖総合開発計画の計画技法としての特色は、「総合開発計画の決定にあたり、滋賀県知事が案を作成する」、「作成過程で関係市町村・関係府県知事の意見を、また公聴会を開催して住民の意見をきくこと、および県議会の議を経なければならない」、「計画に定められた事業で県・市町村その他の団体が行う事業に対して、国の負担・補助の割合の嵩上げがなされるとともに、水資源開発により周辺地域に生じる不利益を補う事業およびそれらの管理費用の一部について、下流の利水団体と協議し、その負担を求めることができる（法8、11条）」等の諸点である。[11]

これらの、法制度は、水源地域対策特別措置法（1973年10月成立、1974年4月施行）や湖沼水質保全特別措置法（1984年制定）を生み出す契機ともなっている。また、水源地域と下流受益地域の関係地方公共団体等を構成員とする水源地域対策基金（事業内容：水没関係地域の振興・整備事業への助成、水没関係住民の生活再建対策への助成）の基本的概念を構成し、（財）淀川水源地域対策基金（1986年採択）等のより現実的な制度を生み出した。このように、従来の水資源開発事業においては個別的にしか展開できなかった方策が総合的地域開発政策と整備されたことは意義がある。

次に、琵琶湖総合開発事業の成果の総合評価に関しては次の視点が考えられる。[12]

琵琶湖総合開発事業は水資源開発事業としては本格的に関連地域開発事業が実施されたといえようが、事業の主要目的の一つである水資源開発事業の理論的根拠となった水需要予測の諸数値の推定は、計画当初から諸機関・団体により指摘されたように必ずしも実情とあうものとはならなかった。水資源開発促進法では、水資源開発水系（指定水系）について、水資源開発基本計画（通称：フルプラン）が定められており、淀川水系においても、水系指定（1962年4月27

日）、現行計画（1992年8月4日（Ⅳ次））があり、水需給計画では60m³/s、開発水量約56m³/s である。しかしながら、今日においてはこの水資源計画における基本的数値や、節水を基本としたライフスタイルの徹底など、高度経済成長時代の計画理念と異なっていることも考慮に入れることが求められる。淀川水系は琵琶湖と三川（木津川・宇治川・桂川）合流という恵まれた地理的状況のもとに、流況が安定した河川のため、淀川水系の都市では、深刻な渇水等になることはあまりなかった。琵琶湖総合開発事業では、琵琶湖の水位をマイナス1.5mまで変動可能することにより40m³/s の新規水利権を生み出すことが可能となったのである。水源獲得の代償として琵琶湖の水位低下に伴う湖への環境影響は大きかった。1994年9月に発生したマイナス123cm の湖水位による環境影響は特に深刻であった。水位低下対策として、とくに利水対応や漁業対応が行われたが、計画策定時に論争となった琵琶湖水質環境影響については、いま改めて深刻な総括が必要となるであろう。

　水資源開発事業の費用便益分析結果（計画前）では、琵琶湖総合開発事業は極めて経済効率的な値を示したが、事業範囲の拡大、事業期間の延長をも勘案すると必ずしも良好な事業とはいえないであろう。全国の水資源開発計画に見られるように、計画そのものが事業費・事業期間の変動する中で、計画要素の変動を計画プロセスの中にどのように取り組むかが課題であろう。すなわち、計画における住民合意のみならず、事業主体間の調整、資金調達等、今後の大規模プロジェクトがたんに水需給計画のみを根拠とするのではなく、広く社会経済システムの中での成立要因を根拠としなければならないことを意味している。今日の水資源開発計画関連の公共事業においてその是非が問われているが、まさに社会経済システムとの関連での成立根拠が問われている。そのためには、単純な費用便益計算の視点だけでは、プロジェクト評価が行われない。

　琵琶湖の環境価値をさらに高める方策として、琵琶湖保全に関する条例が策定された。琵琶湖の水質環境および琵琶湖沿岸域の環境を保全しようという考え方を基本としながらも、琵琶湖流域圏の環境保全・産業発展を総合的に推進していこうという施策である。施策においては、琵琶湖環境の範囲を広く知り、かつ琵琶湖の環境の価値を正しく認識していることを前提にしていること

である。琵琶湖環境の保全、より広くいえば琵琶湖保全においては、事業の目標を設定し、後は施策内容を検討する方式から、環境の便益評価を基本とした保全体系の確立が必要とされる。

琵琶湖および琵琶湖周辺地域の環境便益の経済的価値についての調査研究は進められていないのが現状である。琵琶湖環境価値が滋賀県のみならず近畿圏においてますます高く評価される今日において、琵琶湖総合開発事業の総合的評価を行いその意味を評価することは意義がある。さらに、治水事業の評価においては、当初計画においても流入河川対策費が900億円であり事業単位では、最大であった。また、水源山地保全涵養等の斬新な事業も展開された点では評価できる。数百年にわたる上下流間の対立の原因であった水害対策の補完事業として地域開発が展開されたが、琵琶湖の保全を基本とした「安全」で「快適」な琵琶湖集水域を形成するためには、計画時点において自然と調和した治水方式（多自然工法）を重視すること等の国際的潮流を敏感に導入することが重要であったと思われる。

5.2.2 琵琶湖都市圏整備の課題

21世紀における琵琶湖流域総合管理システムでは、次のような事業展開が求められる。今日、制定された琵琶湖保全制度は、琵琶湖を中軸とした自然と琵琶湖集水域における自然・産業活動・土地利用・ライフスタイル等の多様な営為からなるエコシステムとの調和、琵琶湖流域の持続可能な開発の政策の基本を示している。しかし、琵琶湖の水質環境の現状は、必ずしも改善の方向に向かっているとはいえず、琵琶湖保全制度の実効的な推進が求められるとともに、より強力なシステムの構築と着実な事業推進が必要とされる。さらに、琵琶湖の水質環境の動態についての解明は極めて不十分な状況にあり、琵琶湖総合開発事業の終了した後でも、世界的水準での科学的分析が必要とされる。また、琵琶湖水質の改善に関する県民および近畿圏住民の意識は近年極めて高くなっており、琵琶湖の環境的価値・象徴的価値の再評価に基づいた事業の推進が求められる。そのためには、ポスト琵琶湖総合開発事業の戦略を国家レベルでつくることが琵琶湖保全のためには必要であろう。京滋地域における国土利

用計画において、琵琶湖総合開発事業の総合的な評価を基本とした新しい琵琶湖都市圏整備コンセプトを構築していくことが、「ポスト琵琶総」の課題であろう。

琵琶湖都市圏整備のフレームとして、次の4つの整備目標が掲げられる。[13]

①琵琶湖・淀川水系多核連携型都市圏の形成

　琵琶湖・淀川水系の連続的都市圏の特性を十分に生かし、都心および周辺地域の特徴ある機能を強化して、魅力的な多核連携都市圏を形成する。これらの連携においては、鉄道・道路系統、琵琶湖・淀川・大阪湾の水運系統を充実し災害に強い安全な広域圏都市を目指す。

②新産業創造圏域の形成とアジアネットワークの構築

　関西地域から発生した新産業を核として、21世紀に必要とされる産業を琵琶湖・淀川水系の諸都市を新産業コリドーとして形成する。特に、伝統産業、新技術、エコビジネスなど時代をリードする産業創造圏域を形成し、アジアとのネットワークを産業を通じて深める。

③近畿圏文化学術研究都市コンプレックスの形成と国際的交流

　関西文化学術研究都市を核として琵琶湖・淀川水系の学術研究都市群を近畿リサーチコンプレックスの中軸的地域として位置づけ、琵琶湖・淀川水系の諸都市を国際的交流を展開する。特に、世界文化遺産として各都市が認められつつある今日において、国際的な文化観光の形成を目指す。

④琵琶湖保全政策の展開と都市環境創造圏域の形成

　琵琶湖保全条例の施策を全面的に実施することにより、琵琶湖を軸として都市環境創造圏域を形成する。環境保全型の持続的開発を目指した都市群の集積地として、世界に誇れる琵琶湖の自然と調和した地域を形成する。

「ポスト琵琶総」の計画論議は、これからの課題であり、琵琶湖総合開発計画で目指された、「保全」、「利水」、「治水」すなわち琵琶湖を中心とした、水資源開発・地域開発・水質環境保全の論点から近畿圏全体と連携した琵琶湖保全・都市圏整備・環境創造の論議へと展開されることが求められる。

5.3 湖沼環境保全と持続可能な地域開発政策

「開発と環境」の対立概念は、公害問題のような短期的・地域的な先鋭的事象に関しては緊急に克服すべき特定課題としてとらえられるべきであるが、一方、地球環境問題のような長期的・広域的な不確実な事象に対しては制度的・技術的にも調和すべき相対的な課題として総合的含意を有する。湖沼をめぐる「開発と環境」は、工業開発・地域開発また狭義な意味での水資源開発事業においてもその問題性が先鋭的に表出する。その問題性を持続可能な開発という、包摂的な技法で解決の方向性を見出すためには、背景・現状・制度の異なった国際比較湖沼環境政策分析は有効な意味を有するであろう。本節は、国家的水資源開発事業の対象であった琵琶湖を基軸におきながら、社会主義体制のもとで「バイカル問題」として世界的にも注目されたロシアのバイカル湖、発展途上国フィリピンのマニラ大都市圏の発展を水資源・漁業等で支え厳しい環境汚染のラグナ湖の比較を通じて湖沼保全政策を考察する。

5.3.1 湖沼における「開発と環境」問題の構造

湖沼は、古来より人々の暮らしや伝統的な漁業や農業を支え、地域の独特の文化を育んできた。近年においては、湖沼の集水域における産業構造の転換や、地域開発、工場建設のもとに湖沼環境は急激に変容しつつある。今日の湖沼環境の変化の原因は複雑多様であり、様々な様態で湖沼及び集水域に環境破壊をもたらす。その回復の方策を見出すことが容易でないのが湖沼環境保全政策の特徴であろう。

湖沼の環境破壊の要因を中村は次の6つに類型化している。[14]

(a)：湖沼の水量の減少、水質の悪化、生態系の変化

(b)：集水域の土壌浸食が激しくなり、湖沼に土砂が堆積

(c)：酸性雨のために湖水が酸性化

(d)：毒性化学物質による湖水、底泥、水中生物の汚染

(e)：人為的富栄養化

(f)：湖の生態系の破壊

　これらの湖沼環境破壊の類型を見た場合、発展途上国および先進工業国に特有な課題も存在するが、環境破壊の要因はそれぞれの湖沼固有な特性により成立するが、一様に対策が容易でないことが共通的特徴である。これらの集水域の諸活動を起因とする湖沼の環境汚染・環境破壊による、湖沼の便益の損失については計量的な評価が必要である。すなわち、より豊かな生活を求める人間活動の営為が、湖沼の便益を損失させるだけでなく、ひいては集水域の相対的環境価値を低め、関連地域の持続可能な開発の可能性を奪うことになる。

湖沼が人々にもたらす環境便益は、具体的な利用形態から、抽象的な事項も含む。それは、集水域の湖沼という限定的な意味合いだけでなく、湖沼そのものがすぐれて象徴的な価値を有するためであろう。湖沼の環境便益は次のように整理できる[15]。

　(a)生活用水：飲用水、洗濯、風呂、掃除

　(b)産業用水：漁業、舟運、発電、農業、工業

　(c)都市用水：事務所、公共施設の水需要

　(d)環境浄化：琵琶湖・淀川の浄化

　(e)観光：水泳、釣り、散策

　(f)学術文化：生物学、湖沼学、環境科学

　(g)象徴：存在としての価値

　これらの、湖沼が人々にもたらす便益は、長い歴史で形成されてきたものであり、その維持に多大な営為が見られた。本来ならば、湖沼の保全を前提に便益が将来的にも維持されるものであったが、その便益を享受する主体や制度に近年急激な変化が見られるようになってきた。1960年代から始まった湖沼の環境汚染は、人々と湖沼の関係を揺るがすものとなった。そこで、人々と湖沼の関係が改めて問われ、湖沼の環境的価値、すなわち環境便益の測定の重要性が認識されたのである。湖沼の環境便益を測定する試みる歴史が浅いが、その重要性は、環境汚染が深刻化する中で高まりつつあった。

　日本では、琵琶湖総合開発事業の開始（1972年）とともに、琵琶湖の赤潮現象（1977年）と「開発と環境のジレンマ」が県民レベルで問われた。一方、社

会主義国ソ連の代表的な公害・環境問題として注目されたバイカル湖の工場排水汚染（1966年）[16]、また発展途上国のフィリピンのラグナ湖では、1950年代以前の水深20m以上が、1989年には2.8mと浅くなるとともに、深刻な水質汚染がマニラ大都市圏の生活を脅かしている[17]。

　先進工業国、社会主義国、そして発展途上国の湖沼の環境問題はそれぞれ背景と対応は異なっているが、1960年代の後半期の開発がそれぞれの湖沼環境に多大なる影響を及ぼし、ひいては湖沼の環境便益をどのように持続的に高めるための政策を確立し展開するかという政策課題が重要な焦点になってきたということでは共通している。

　これらの湖沼環境汚染・破壊の類型は、今日では、先進工業国、発展途上国の区別なく同時並行的に出現しており、課題の深刻性は顕著になってきている。しかしながら、「世界湖沼会議」の継続的開催等により、湖沼環境に関するデータベースの構築が充実するとともに、研究者・行政・住民のネットワークが形成されたことが問題解決のための重要な情報となろう[18]。

5.3.2　バイカル湖・ラグナ湖・琵琶湖の故障保全政策

　バイカル湖、ラグナ湖、琵琶湖のそれぞれの湖沼は、環境汚染問題で異なった特徴を有すると同時に、社会体制においても異なった特徴を有する。それぞれの湖沼の(a)湖沼および流域特性、(b)環境と開発のジレンマを整理すると次のとおりである。

⑴　バイカル湖

(a)　湖沼および流域特性

　ロシア南東部のシベリア連邦管区のブリヤート共和国とイルクーツク州・チタ州に挟まれた三日月型の湖である。世界で最も古い古代湖で、アジア最大の淡水湖であり、「シベリアの真珠」といわれている。湖面積31,500km²、集水域560,000km²、湖容積3,000km³、水深（最大1,741m/平均740m）、湖岸線2,000km、最大透明度40.5m（1911年）である[19][20]。

(b)　環境と開発のジレンマ

　「バイカル問題」は、1953年にソビエト連邦のイルクーツク市から150kmに

位置するバイカル湖の南岸に、バイカル・パルプ製紙コンビナートを建設する計画から端を発し、2013年についに環境ゾーン建設と引き換えにこのパルプ製紙コンビナートは完全に閉鎖により終結する。今後の廃棄物処理等を含めて、解決するべき課題は残っているものの、環境と開発のジレンマの60年であった。1917年11月7日のロシア革命により成立したソビエト連邦は、74年後の1991年12月25日に崩壊した。本プロジェクトは社会主義国の盟主であったソ連がアメリカへの対抗の意味を含めて国家の威信をかけてのプロジェクトであったといえよう。それは、バイカル湖流域の森林破壊、バイカル湖の水質汚染の代償をも超えた挑戦でもあった。ロシアおよび世界の環境保護派，環境研究者がパルプ製紙コンビナート計画・建設・操業の問題点を環境の視点のみならず社会主義のあり方として鋭く指摘する中で建設され、操業は継続され続け、一貫として問題点が指摘される中で、2012年には資金難と原料不足でパルプ化が停止に至った。[16)]

(2) **ラグナ湖**

(a) 湖沼および流域特性

ラグナ湖は、フィリピン北部ルソン島にある湖で、フィリピン最大の湖である。湖はメトロ・マニラとカラバルソン地方にまたがっていて、Wの形をしている。湖面積900km²、集水域3,820km²、湖容積3.2km³、水深（最大7.3m/平均2.8m）、湖岸線220km である。[19) 20)]

(b) 環境と開発のジレンマ

ラグナ湖は、1950年以降に急激な土砂堆積が進行し、一方、水質汚染も激化している。1980年には、すでに過栄養化の状況にある。ラグナ湖集水域人口は、1,350万人（2013年）であり、ラグナ湖西岸地域に人口集積が見られた。マニラ首都圏のスプロール化に起因する交通渋滞が発生し、その解消のため地域整備、高速道路整備が行われた。この問題解消型地域開発方式は、マニラ大都市圏縁辺地域の拡大に一層の拍車をかけ今日の現状が形成された。マニラ首都圏からの接近に対して、ラグナ湖西岸地域の衛生状況・生活環境は極めて厳しい状況であり、コレラの発生が頻発していた。これらの状況に対抗するために、遮集式下水道等の大規模公共事業が実施された。ラグナ湖では、漁業が盛

んであり、湖面に多くのフィッシュペン（fishpen）が設置されている。また、稲作中心の農業があり、国際米研究所がロスバニオスに設置されている。一方、重化学工業や観光産業も発展しつつある。

ラグナ湖の開発と環境保全の系譜は次のとおりである。[21]

Ⅰ期（1966〜1969年）：1966年にラグナ湖開発公社設立。

Ⅱ期（1970〜1973年）：UNDP のラグナ湖開発計画のフィージビリティ・スタディ（洪水制御、水路制御構造物、農地灌漑）の実施。

Ⅲ期（1974〜1977年）：上水道、下水道、港湾施設、農場、フィッシュペン等の建設整備のフィージビリティ・スタディ。

Ⅳ期（1978〜1981年）：UNDP・WHO による水質管理調査。ラグナ湖流域管理5ヶ年計画策定。

Ⅴ期（1982年〜）：事業の効率化と財政の強化。

ラグナ湖が1980年にはすでに過栄養化の状況にあったが、それは、1966年ラグナ湖開発公社の事業との関連性は深いといえよう。ラグナ湖の水質問題は、①海水浸入、②富栄養化、③油汚染であり、その対策として、水質管理、土地利用計画による制御であった。メトロ・マニラの人口（1960年362万人→1980年870万人）の増加、スプロール化に対して、抗しきれなかったのである。[22]この傾向は一層加速化され、2005年で1,886万人に達している。ラグナ湖における「環境と開発のジレンマ」はまさに、人口爆発、都市化、工業化にある。

⑶ 琵琶湖

(a) 湖沼および流域特性

琵琶湖は滋賀県に位置し、日本最大の湖面積および湖容積であり、琵琶湖淀川水系を通じて、滋賀県をはじめ京都府、大阪府、兵庫県の近畿約1,450万人の水道水源である。その他農業用水・工業用水などにも利用されている。琵琶湖は世界の湖の中でも、バイカル湖やタンガニーカ湖に次いで成立が古い古代湖（400万年前）という特徴がある。湖面積674km²、集水域3,174km²、湖容積27.5km³、水深（最大104m/平均41m）、湖岸線253km、最大透明度18.0m（1935年）である。[19][20]

(b)　環境と開発のジレンマ

　琵琶湖の開発と環境の象徴的事業である琵琶湖総合開発事業を整理すると次のように整理できる。[15) 23)]

　Ⅰ　琵琶湖総合開発事業（第1期：1972年度～1981年度）

　「琵琶湖総合開発特別措置法」公布（昭和47年）

　「琵琶湖 ABC（Access the Blue and Clean）作戦」（新琵琶湖環境保全対策）策定（昭和55年4月）

　「琵琶湖富栄養化防止条例」（昭和55年7月）

　「環境影響評価制度」（昭和56年3月）

　Ⅱ　琵琶湖総合開発事業（第2期：1982年度～1991年度）

　「世界湖沼環境会議」の開催（昭和59年）

　Ⅲ　琵琶湖総合開発事業（第3期：1992年度～1996年度）

　「琵琶湖保全制度検討委員会／提言」（平成5年）

　Ⅳ　ポスト琵琶湖総合開発（1997年度～）

　「マザーレイク21計画」を策定（平成12年）

　琵琶湖総合開発事業は、「利水」、「治水」、「水質保全」に分けられ、積年の課題に対して琵琶湖開発事業、地域開発事業として展開された。この間滋賀県は、農業県から全国屈指の工業県へと転換した。二度にわたる事業期間の延長および事業費の拡大は、琵琶湖総合開発事業の重要性を意味するが、終了後の課題については、不透明である。

いわゆる、「ポスト琵琶総」の計画論議のためには、次の論点の整理が必要であろう。[24)]

　①琵琶湖総合開発計画の計画技法的評価

　　・水源地域対策特別措置法（昭和49年施行）

　　・湖沼水質保全特別措置法（昭和59年制定）

　②琵琶湖総合開発事業の成果についての総合評価

　　・水需要のギャップ

　　・費用便益分析、社会的費用

　③21世紀における琵琶湖保全政策さらには近畿圏および滋賀県の国土・地域

政策の展開のための評価。

　琵琶湖における環境と開発のジレンマは、1970年代の富栄養化現象、底泥の汚染等があるが、その対策に行政・住民・研究者が一体として継続的に取り組んできたことであろう。しかしながら、今日に至っても、琵琶湖の水質環境が劇的に改善された状況ともいえず、その対策は今後さらに全面的・持続的に行われなければならないということであろう。

5.3.3　湖沼流域管理の技法と可能性

　バイカル湖・ラグナ湖・琵琶湖の環境開発政策の展開の比較を通じて、その湖沼流域管理の特徴を整理すると次のようになる。

　①広域性　バイカル湖・ラグナ湖・琵琶湖の最大の特徴は、規模の大きさにある。

　　バイカル湖はロシア南東部のシベリア連邦に位置し、単にロシアの湖だけでなく、淡水資源として、湖沼環境として、そして世界の学術的な象徴的意味としての価値を有する。バイカル湖の水収支や水循環から見ても、汚濁負荷による湖の環境に対するインパクトは確実であり、集水域全体としての流域管理の必要性がある。ラグナ湖は、メトロ・マニラの外延的拡大に対抗する能力を湖自身が有するかは極めて厳しい状況にある。1950年代以前の水深20m以上が、1989年には2.8mと浅くなった事実を踏まえ、ラグナ湖集水域の土地利用管理を主軸とした、流域管理を強化する必要がある。琵琶湖は、単なる集水域の問題だけでなく、琵琶湖・淀川流域というより、広域的な視点での流域管理が必要である。琵琶湖の水源域の維持管理に関する費用等については、琵琶湖・淀川水系で一体となって負担する制度等は淀川水源地域対策基金（1980年3月設立）が2011年6月に解散する等厳しい状況であるが、琵琶湖・淀川の広域的一体管理のためには、新たな制度の確立が求められる。

　②多様性　湖沼は本来存在自身が多様性を有しているものであり、その環境利用的価値は用水としての資源的価値、環境浄化、さらには観光・学術文化等多岐にわたっており、集水域の関連地域のみならず国家的にも象徴的

な意味を有する。その環境価値を保全するためには、流域管理の対象が湖沼のみならず集水域さらには下流域にも及ぶ。湖沼自体が閉鎖性水域という特性を有するため、流域管理においては、土地利用の制御が湖沼環境に直接気候変動に影響を及ぼすため、注意深い計画・管理・保全が必要である。バイカル湖における、バイカル・パルプ製紙コンビナートの建設計画が、ロシアのみならず世界の環境研究者・環境NGOから環境汚染影響の確実性を指摘されたにもかかわらず、建設が実施され操業されたという事実は、これからも消えることはなく、教訓としなければならないであろう。操業が停止された今日においてもなおバイカル湖が健全な湖沼であったことは奇跡であった。

　一方、ラグナ湖は、漁業・農業的利用が中心であるが、水質汚染の悪化に伴いその環境価値は低下の一途をたどっている。観光的価値また、歴史文化的な価値は高く、ラグナ湖の水質保全対策が重要である。将来のメトロ・マニラの水源として可能性が存在するが、飲料水としての水質改善の効果は顕著ではない。琵琶湖の多様性は、湖と周辺の人々との交流の歴史である。それは、漁業・農業にとどまらず、近年の産業発展や工業化の礎ともなった。琵琶湖の水害の歴史は江戸時代に遡るとともに、上下流の対立の歴史でもあった。琵琶湖総合開発事業が単なる水資源開発事業というだけでなく、滋賀県の近代化・工業化を図るための脱農業化のステップであり、そこに、琵琶湖の多様性を捨象するプロセスでもあった。滋賀県の人口増加に伴い、県民と琵琶湖との関係の希薄性が増すとともに、琵琶湖の多様性についての認識も低下していった。琵琶湖の多様性を認識し琵琶湖環境の保全とともに、環境創造が求められる。

③複雑性　湖沼を中心とした、流域管理における課題として、湖沼自体さらには水系の一環として総合的に管理する課題である。特に、ラグナ湖・琵琶湖においては、大都市圏の成長のための地域資源の供給地という役割をどのように持続的に維持できるかという課題がある。大都市圏縁辺部としての位置づけが、どのような整備をすべきという課題がある。すなわち、大都市圏の発達のメカニズムは、湖沼の存在の有無にかかわらず利便性・

効率性を軸に展開する。そして、大都市圏にとっての湖沼の位置づけは、水資源またはレクリエーションとしての位置づけである。例え、湖沼が水系として大都市圏と連続していようと、水源地域としての位置づけのみであり水系一貫の流域管理の方式を見出すことは困難である。しかしながら、湖沼の歴史は大都市圏よりはるかに長く、経済原理で形成される大都市圏より水系生態系の要素として重要な意味を有する。湖沼の生態系サービスを再評価することで、大都市圏にとっての単なる水資源、レクリエーションとしての便益からより総合的な環境価値を有するものとしての流域管理手法の確立が求められる。バイカル湖に関しては、「バイカル問題」が、社会主義体制すなわち「国家産業主義」の下での意思決定であったと総括することは簡単であるが、はたして今日においてもこれらの問題に抗する流域管理法が確立されているのであろうか。そこには、国家を超えた地球環境保全政策としての拘束力のある流域管理方式が求められる。

5.3.4 琵琶湖保全政策の国際協力の視点

琵琶湖の湖沼環境保全政策の意義は、単に滋賀県の環境行政の進展にあるのみならず、日本政府における環境政策にも大きな影響を与えた。バイカル湖においても、その集水域での地域開発は国家的威信をかけたものであり、ラグナ湖においても、爆発的に膨張するマニラ首都圏に対する防御策の歴史であった。しかしながら、現実としては、湖沼の視点から環境保全政策が展開されたのではなく、あくまでも従属的に制度・行動が起こったのである。

琵琶湖保全政策の国際協力の視点としては、湖沼の重要性を認識するステークホルダーの参加によるより総合的な流域管理の確立であろう。バイカル湖が永続的に保全されるためには、「バイカル問題」の総括的反省とともに、例えば観光者の有り様や、研究機関の社会的発信の重要性が求められる。その情報発信は、単に研究者間における情報共有ではなく、湖沼環境保全政策に関するステークホルダーへの国際的ネットワーク形成に結びつかねばならない。ラグナ湖においても、湖沼の将来は必ずしも、楽観的なものでない。湖沼保全の意義を政府関係者や研究者のみならず、地域住民との関係を軸に再構築していく

ことが望まれる。琵琶湖保全政策の視点から、バイカル湖・ラグナ湖の50年間の「開発と環境」のジレンマを考察するとき、関係者間による統合的湖沼管理の策定のプロセスの共有とともに、政策情報の共有化・データベース化が求められる。湖沼環境を取り巻く、国家・行政制度は絶えず変化するであろうが、権威ある超長期的な湖沼環境保全のガイドラインづくりが必要になるであろう。

5.4 おわりに

湖沼は地域住民の重要な環境資源であるのみならず、地球環境にとって貴重な存在である。その希少性に気づきながらも、緩慢とした変化や、急激な変化に有効な対策を講じることができなかったのが近現代の特徴である。バイカル湖、ラグナ湖、琵琶湖の現地を調査し、その比較を通じて改めて総合的な湖沼保全政策の確立と集水域のサステイナブル社会の実現が求められることを実感する。湖沼環境政策の国際比較は、単純に行われるべきものでないが、比較を通じてその共通性を見出すとともに独自性・特異性を認識することができる。膨大な湖沼学や湖沼生態学の研究蓄積を基本におきながらも、国際湖沼環境保全政策の新たなる展開が望まれる。

※本章は、下記の論文を基本としている。
　仲上健一、「地方創生のためのグローバル・サステイナビリティ」、経済政策ジャーナル、第14巻1・2号、2018年5月
　仲上健一、「ポスト琵琶湖総合開発事業と都市圏整備の展開」、環境技術、第26巻8号、1997年8月
　仲上健一、「湖沼環境保全と持続可能な開発政策—バイカル湖・ラグナ湖・琵琶湖の比較を通じて」、環境技術、第43巻3号、2014年3月

【参考文献】
　1）　総務省、「平成27年国勢調査人口等基本集計結果　要約」平成28年10月26日
　2）　国土交通省、「全国総合開発計画（概要）の比較」、インターネットで見る国土計画、資料アーカイブより、2016年〈http://www.kokudokeikaku.go.jp/document_archives/

ayumi/21.pdf〉

3) 小山陽一郎、「全国総合開発計画とは何であったのか。【前編】」、土地総合研究2011年春号、「全国総合開発計画とは何であったのか。【後編】」、土地総合研究2011年夏号

4) 内閣府、『地域の経済2014第2章　地方の人口動向と活性化に向けた取組』、平成27年1月27日

5) 内閣府、平成27年版高齢社会白書（2015年6月12日）

6) 植田和弘、国際公共経済学会、シンポジウム「グローバル・サステイナビリティの構築」、国際公共経済研究第22号、2011年

7) 上須道徳、「サステイナビリティの研究、評価と経済学の役割国際経済」、国際経済、2011巻62号、2011年

8) 佐々木健吾、「サステイナビリティはどのように評価されうるのか—弱い持続可能性と強い持続可能性からの検討—」、名古屋学院大学論集社会科学篇、第46巻第3号、2010年1月

9) 琵琶湖・淀川水環境会議事務局、「琵琶湖・淀川を美しく変えるための試案」、1996年8月

10) 滋賀県、「琵琶湖総合開発の評価に関する意識調査」、1996年3月

11) 安本典夫、「琵琶湖総合開発法制の展開と課題」、立命館大学人文科学研究所地域研究室編、『琵琶湖地域の総合的研究』、文理閣、1994年

12) 仲上健一、「21世紀の河川と環境」、環境技術、第25巻12号、1996年12月

13) 国土庁他、「京都・大津広域都市圏整備計画調査」、1996年3月

14) 中村正久、「「世界の湖」を読む」、琵琶湖研究所所報第20号、2001年

15) 仲上健一、「琵琶湖の環境価値と環境保全政策」、立命館大学人文科学研究所地域研究室編、『琵琶湖地域の総合的研究』、文理閣、1994年

16) 徳永昌弘、『20世紀ロシアの開発と環境「バイカル問題」の政治経済学的分析』、北海道大学出版会、2013年

17) 社団法人海外農業開発コンサルタンツ協会、「ラグナ湖周辺農村環境改善計画パンガシナン州総合農村・環境保全計画事業調査報告書」、2001年9月

18) 公益財団法人世界湖沼環境委員会〈http://www.ilec.or.jp/jp/wlc〉

19) 公益財団法人国際湖沼環境委員会、「世界湖沼データベース」より〈http://wldb.ilec.or.jp/〉

20) 日本と世界の湖沼プロフィール比較〈http://hal7.net/dataworldlakes01.html〉

21) 仲上健一・盛岡通、「流域管理計画試論(1)—大都市圏域の湖沼の開発と保全—」、土木計画学研究・講演集第6号、1984年1月

22) 国連統計局世界都市化予測〈http://esa.un.org/wpp/unpp/panel_population.htm〉

23) 滋賀県、「滋賀の環境2013」、巻末資料「滋賀の環境のあゆみ」、2013年

24) 仲上健一、「ポスト琵琶湖総合開発事業と都市圏整備の展開」、環境技術、第26巻8号、1997年8月

⑥ 中国の水問題と国際水環境協力

6.1 アジアにおける水ビジネス

21世紀におけるアジア諸国は目覚ましい経済発展・都市化・工業化を遂げており、2030年にはその全人口の50％以上が都市に居住すると推計されている[1]。都市における水の安全保障という観点から、水道事業のインフラ整備への対応、とりわけ給水事業の運営・維持管理能力の向上は緊急の課題である。アジア諸国における都市の水の安全保障の水準は国ごとに異なるものの、水道施設の整備・運営・維持管理における能力向上へのニーズがある。

国際協力機構（JICA）は従来の浄水場施設の建設という援助方式から、日本が比較優位を有する技術を相手国に短期・長期に有効で持続的に運営維持可能で、先方に負担可能なコストで提供する方式へと転換を図っている[2]。

アジア諸国においては、基本的に水道事業は公共事業であるため、政府（国・地方）が運営・維持管理を行い、水道料金は公共料金という社会的性格上、政策的に低く抑えられている例が多く、その改定は容易ではない。地方政府は水道経営に最終責任を持ち、料金改定の決定権を有する。地方政府がその傘下の水道事業体の経営改善に真摯にコミットしているかどうかは、水道事業改善においては重要な意味を有する。水ビジネスの国際展開においては、相手国の社会的状況に応じた活動や配慮を行なうことが持続的な水道事業改善には重要である。相手国で適切なパートナーと組むことができるかどうかは、事業の成否に関わる事項であり、その「ビジネスモデル」をどのように組成するかは慎重な検討が必要である。

81

6.2 中国の水問題と水政策

 2012年の中国における水資源総量は約 2 兆9,528.8億 m³/ 年であり世界全体の約 5 ％、 1 人当たり年水資源量は2,186m³/ 人 / 年で、全世界の平均値の28％である[3]。中国国内の約 3 分の 2 の人口を占める都市部では水資源が不足している。中国は都市部においては常時水不足であるが、降水量が比較的少ない北部地域では水不足の状態が頻発している。このような慢性的な水不足は、持続的な経済発展を阻害する主要な原因となるため、中国政府は、第12次五ヵ年計画（2011〜2015年）において水利施設の建設を主要な行政課題として掲げた。第12次五ヵ年計画では全国都市部の汚染処理・水再生利用の建設などを計画期間中に4,300億元を投入する計画であり、水質汚染対策の強化を図っていた[3]。

 中国政府は、水質汚染対策として問題のある工場閉鎖や行政指導などの厳しい規制を行い、その結果として一定の汚染対策の効果も見られる。この深刻な状態を打開・改善するため、中国政府は水資源量が豊富な長江の上流から取水して、水量が豊富な南部の地域から水不足の北部に水を移送する南水北調プロジェクトを推進している。しかし、水が比較的に豊富な南部の水資源は都市化・工業化などで水質汚染が著しく、たとえ南水北調プロジェクトの中央ルートが完成したとしても農薬や工場排水、化学物質、重金属などが含まれた汚染水が南部から北部に流れることが危惧されている[2]。

 Global Water Market 2008報告書では、「中国の農業分野、特に農業用水の効率化が向上し、他分野の工業用水・生活用水の伸びた分が相殺されるという水需要の見通しであったが、経済成長による国民の普遍的な収入増加によって、生活水準の向上に伴う水需要の増加を抑制することは困難」と指摘している[4]。

 中国は今後も先進国を目標に経済の高い成長率の維持を目標としており、国家を支える経済と農業の中心地における水資源不足は経済成長達成の懸念材料となっている。

6.3　中国の水ビジネス市場

6.3.1　中国の水ビジネス市場動向

　中国の水ビジネス市場は2025年において約12.4兆円となり、世界の水ビジネス市場の約15％を占めることが見込まれ、特に上下水道事業分野はこの20年で約4倍に増加する見通しである。中国政府が水ビジネス市場を民間企業・外資企業が参入できるように段階的に開放するという政策のもとに、全支出額に占める民間企業の割合が高まる見通しである。[1] 中国において上下水道のインフラ設備で民間資本が本格的に導入開始されたのは、1990年代以降であり、当時はフランス系の巨大水企業が中国の大都市に水事業の参入を開始した。21世紀に入り、ヴェオリア・ウォーターは、中国の主要都市である北京市、上海市、天津市などで22プロジェクトを受注し、またスエズ・エンバイロメントは香港、無錫市、青島市などで21プロジェクトを受注し、外資系水関連企業が中国市場で大規模な水ビジネス事業を開始した。[2] 2002年には外国資本が参加できなかった水道インフラの整備や更新事業が市場開放され、海外資本による水ビジネスが急拡大した。2008年以降は、中国の財閥系企業や地元企業が水ビジネスの中心的な存在となり、自来水公司（日本では水道局に当たる）や排水公司（日本では下水道局に当たる）の事業を、中国国内の多くの県や市、地方政府が設立した項目公司（海外ではプロジェクト・カンパニーに当たる）が運営している。

　中国では、外国企業や国内企業は項目公司と一緒に協力し、浄水場の建設や水質管理、水道インフラのメンテナンスなどの水事業を行っている。中国の近年のGDP成長率は鈍化し始めたが、水ビジネス市場は、規制対応などから、官民共に需要が増加すると見られ、市場規模では2012年の265.8億元から、2015年には386.9億元（45.6％増加）に成長すると予測されている。[4]

6.3.2　中国水処理市場の特徴と需要

　中国の水ビジネス市場で地域別には、長江や太湖など広大な水源がある華東地域が全体の4割弱を占める。[4] 次に市場規模が大きいのは、全体の2割強を占

める華北地域である。華北地域内に北京市、天津市といった大都市があり、こ
れらの都市圏での需要が中心であり、水の再利用化に不可欠な水処理膜の限外
ろ過膜（UF〔Ultrafiltration Membrane〕膜）、膜分離活性汚泥法（MBR〔Mem-
brane Bioreactor〕法）、分離活性汚泥法＋逆浸透膜に対する需要が拡大してい
る[4]。一方、華南地域ではエレクトロニクス産業や自動車産業の生産基地が多く
集積しており、生産プロセスやボイラー用途で使用する純水や超純水等用の水
処理膜の需要が高い[4]。これらの地域では水関連の法整備が近年進み、下水や工
場排水の再利用（再生水）が一部では義務として定められていることから、今
後海水淡水化や再生水関連のビジネスが拡大すると見込まれる[1]。

6.3.3 中国水処理膜市場

　水処理膜技術は、海水淡水化、工業排水処理・再生、下水処理・再生等の幅
広い分野での適用が拡大しつつあり、水処理膜では、精密ろ過膜（MF〔Micro-
filtration Membrane〕膜）、UF膜、ナノろ過膜（NF〔Nanofiltration Membrane〕
膜）、逆浸透膜（RO〔Reverse Osmosis Membrane〕膜）を適正に選択し、また組
み合わせることで幅広い水処理分野で効果を発揮することが可能である[5]。

　中国の水処理膜全体の市場規模は2012年には41.3億元、2015年には69.5億元
（68.3％増）と予測されていた[4]。2012年1月より「第12次五ヵ年計画」が施行さ
れ、水環境改善に関する法規制や上水や下水の水インフラの整備を推進する方
針が出された。中国市場で採用される水処理膜は、従来、膜の品質の良さから
日本企業を含む外資系企業の製品のシェアが中国の現地企業より高かったが、
現状では中国企業が市場の8割を占めている[1]。その理由としては、現地中国企
業の技術性能向上、価格優位性などである。また、中国固有な理由として、装
置やプラント等の設計等においては、公共案件として設計や施工が行われるた
め、外資系企業にとっては参入障壁が高い現状がある。しかし膜価格はここ10
年間で低下し、さまざまな水処理分野において膜利用が促進されており、膜関
連事業の拡大が予想されるため、日本企業にとっても中国の水ビジネス市場は
規模の大きさと成長率の高さから重要な海外市場の一つである[6]。

　日本企業を含む外資系企業が中国市場に参入する障壁は現地企業と比べて高

6　中国の水問題と国際水環境協力

いといえる状況であるが、参入を進めるためには、現地企業とのアライアンスや現地法人の設立などが必要であろう。

6.4　日本の水処理技術の動向

6.4.1　日本の膜開発の歴史

　日本における水処理膜技術の研究開発は1965年から本格的に始められ、膜研究開発の実績のある化学・化合繊維メーカーがRO膜やUF膜、MF膜等の管状膜や中空糸膜の研究開発を進めた。1968年にMF膜による生ビール製造に成功し、1970年代には、血液透析用の中空糸膜の研究開発も活発になり、1971年にはキュプロファン中空糸膜の人工腎臓が市販され、1973年にRO膜、UF膜、MF膜を組み合わせた医薬用無菌水製造装置が製作され、1980年にMF膜を使用して生酒製造が開始された。[5]

　逆浸透膜は海水淡水化や半導体製造用の超純水の製造などの用途に1970年頃から研究開発が進められた。[5]UF膜も同時期に研究開発が開始され、超純水洗浄工程のファイナルフィルターや自動車・家電工業を支えている。また、原子力発電所の純水の回収と再利用、鉄鋼業などの工業用水の回収再利用などでもMF膜/UF膜、NF膜/かん水逆浸透膜（BWRO〔Brackish Water Reverse Osmosis〕膜）、海水逆浸透膜（SWRO〔Sea Water Reverse Osmosis〕膜）が活用されている。

　膜分離法は、開発当初は比較的清澄な液体を分離対象としてきたが、1980年代から廃水の高濃度懸濁液にも膜技術が適用可能だと実証され、下水や廃水の膜処理技術の実用化研究に道を拓いた。これまで水道の浄水処理は砂ろ過が主に用いられてきたが、施設更新時期であること、維持管理技術者の不足が特に中小浄水施設で深刻であること、および施設改良のための用地確保の困難性などを解決する方策として、水道への膜の適用が検討されてきた海水淡水化に使用されるRO膜では、技術開発で高性能化し、高回収率で運転可能な膜およびシステムの開発が推進されている。1994年には60％を超える高回収率を有する海水淡水化技術が開発され、日本国内で逆浸透法による大型の海水淡水化プラ

85

ントが建設されるようになった。[5] また、一般家庭用では中空糸膜を用いた浄水器が1984年に世界で初めて開発され、それ以降、普及が進み、2015年では、全国で約40.5%の家庭で使用されるまでになった。[7]

6.4.2　日本の膜産業

　20世紀中頃以降、急速に整備が進んだ水道施設は、今日ではその多くが老朽化しつつあり、それらの更新が課題となっている。小規模施設への普及が進んできた膜処理施設は、老朽化した水道設備の更新と同時に統合による大型化・効率化を図る上で、従来施設よりも優位性があることから、膜処理施設の本格的導入が多くの水道事業体で検討されるようになった。[5]

　1950年代、各企業は研究を開始し、1965年前後に多くの企業が蒸発法による海水淡水化施設を設置した。[5] 世界と日本の膜メーカーと膜の種類を表6-1に示す。膜メーカーの各膜製品を高シェア製品、普通シェアの市販製品、開発製品で分類している。膜の技術難易度では、高度な技術を有するRO膜の分野では、自社製品を持つ会社の数が他の膜種類より明らかに少なく、高シェア製品を有する会社は日本の東レ、日東電工とアメリカのダウ・ケミカル社の3社のみである。膜の孔の大きさが大きくになるにつれ、技術難易度が容易になるにつれ、市販製品、高シェア製品を有する会社の数が増えている。

6.4.3　日本企業の世界におけるシェア

　日本の膜メーカーは、浄水や排水処理、半導体洗浄用超純水の製造、食品加工など様々な用途について、高い技術を有しており、膜処理技術では、約6割の市場シェアを有している。特に高度な技術が必要とされ、優れたエネルギー効率を有する海水淡水化のRO膜技術については、日本の大手膜メーカーの東レ・日東電工・東洋紡の3社が世界膜市場の約7割ものシェアを占めている。[8]

　近年、世界では都市の下水を再生する水処理技術の導入が増加傾向にあり、下水の二次処理水をMF/UF膜で処理した後、さらにRO膜で処理する方式とともに、MBR法方式の大型化も進んでいる。[8]

6 中国の水問題と国際水環境協力

表 6-1 世界と日本の膜メーカーと膜の種類

膜メーカー	膜の種類	RO	NF	UF	MF	MBR
日本メーカー	東レ	◎	○	○	○	○
	日東電工	◎	◎	○	○	
	三菱レイヨン				○	◎
	東洋紡	○		○	△	
	ダイセル化学			○		
	旭化成			○	◎	○
	クボタ				△	◎
	日本碍子				○	
	ユアサメンブレンシステム				○	
	クラレ			○	○	
	ダイセンメンブレンシステム			○		
海外メーカー	シーメンス社（独）				◎	
	GE社（米）	○	○	◎	○	◎
	ノリット社（蘭）			◎		
	デグレモン社（仏）			○		
	ダウ・ケミカル社（米）	◎	◎		○	○
	コーチ社（米）	○	△	○	○	○
	ウンジンケミカル社（韓）	○				
	膜天膜科技社（中）			○	○	○
	ボントロン社（中）	○	○			

◎：高シェア製品　○：市販製品　△：開発製品
（各資料を整理し筆者作成）

6.5　中国における日本水処理膜メーカーの事業展開過程

　中国においては海水淡水化 RO 膜が主流であり、RO 膜市場の世界シェアの半分以上は日本のメーカーが占めている。中国で展開している日本の主要膜メーカーは東レ、旭化成、クボタ、三菱レイヨン、日東電工の 5 社である。こ

れらの5社の中国での展開過程は以下のとおりである。

6.5.1 東レの展開過程

東レ株式会社は1926年に設立された総合素材メーカーであり、東レグループは、現在世界25カ国・地域で事業展開をする統合化学企業集団である[9]。東レが有するコア技術は「有機合成化学、高分子化学、バイオテクノロジーなどである。これらをナノテクノロジーと融合した基盤事業は繊維事業、プラスチック・ケミカル事業、そして情報・通信事業、炭素繊維複合材料事業、医薬・医療材事業、水処理などの環境事業」である[9]。

東レの水処理事業は、世界トップクラスの技術力を有するRO膜などの水処理技術で、水資源の確保に貢献している。東レの強みは、「世界トップクラスの高機能分離膜の技術を保有し、RO膜、NF膜、UF膜、MF膜の4種類すべてを自社開発できる世界で唯一の総合膜メーカー」である。また、東レは上水道部門に強い水道機工を関連会社にすることで、エンジニアリングの分野でも海外進出を目指している[9]。

東レは急成長する中国市場を開拓する為に、2002年に中国事業の統括を担う中核組織として東レ（中国）投資有限公司を設立した。東レは中国市場での水処理事業の展開を2004年から開始しており、対中事業展開のために840億円の設備投資を実施し、2004年に上海市に水処理研究所を設立し、東レの水処理膜技術が中国市場向けに開発・技術改良を専門的に行う部門を設立した。また、2009年に中国の化学企業の藍星集団と合併会社「藍星東麗膜科技（北京）有限公司」を設立した[10]。

東レの中国における代表的な実績は、下廃水再利用の面では2008年に稼動した寧夏石炭化学の廃水再利用プラント（7.8万㎥／日）と2012年から稼動した北京南東部経済技術開発区の下廃水再利用プラント（2.0万㎥／日）である。海水淡水化では、2011年に稼動した中国の青島市と曹妃甸の海水淡水化プラント用に、RO膜の納入実績がある。この2つのプラントの合計造水量は15万㎥／日で、特に青島市の海水淡水化プラントは中国最大規模の造水量10万㎥／日である[10]。

88

6.5.2　旭化成の展開過程

　旭化成株式会社は1922年に設立された、総合化学メーカーであり、旭化成グ
ループはケミカル・繊維、住宅・健在、エレクトロニクス、ヘルスケアなど4
つの領域で事業展開している。[11]ケミカル事業の中に、水処理膜を含む高機能ケ
ミカルズ部門があり、中空糸膜「マイクローザ」などを展開している。[11]旭化成
は2005年に中国に完全子会社の旭化成分離膜装置（杭州）有限公司を設立し、
2006年から中国で膜事業の展開を開始した。中国水処理膜事業の研究開発・生
産・営業の拠点となっている。[10]旭化成の中国での代表的な実績は、2009年に中
国江蘇省蘇州市で世界初のBOO（Build Own Operate）方式の廃水リサイクルプ
ラントを建設、2010年に中国浙江省杭州市の膜式浄水設備への「マイクロー
ザ」の納品である。処理能力はアジア最大規模の30万㎥／日である。旭化成は
海外の廃水処理事業の中心を中国に置き、蘇州市でのプロジェクトをベース
に、BOO方式の廃水処理再生事業を周辺地域に拡大し、中国市場の開拓ス
ピードを加速させる方針である。[10]

6.5.3　クボタの展開過程

　株式会社クボタは1890年に創業の産業機械メーカーであり、鋳物の製造・販
売からスタートし、日本初の水道管国産化や農業機械化を実現したメーカーで
ある。[11]クボタの水処理システム事業の主要製品は下水インフラが未普及な地域
で活躍する浄化槽とMBR法に使われる液中膜である。[12]クボタは2011年に中国
水処理市場に本格的に参入した。中国の大手水処理エンジニアリング企業であ
る安徽国禎環保節能科技股份有限公司との合弁会社「久保田国禎環保工程科技
（安徽）有限公司」を設立し、主に中国水処理市場で中国向けのMBRのプラン
トエンジニアリングおよび膜装置の製造と販売を担当する。安徽国禎環保節能
股份有限公司（1997年設立）は中国の総合下水処理事業会社であり、O&M（Op-
erate and Management）、下水処理場建設、下水関連設備機器の製造・販売など
を主として、江蘇省、湖南省、広東省、安徽省で展開している。[10]また同時期に
新会社「久保田環保科技（上海）有限公司」が設立され、クボタ初の地域統括
会社「久保田（中国）投資有限公司」が上海市に設立された。[12]クボタは現地で

の新会社を設立したことにより、「人材採用・資金・製造・部材調達などの主要な機能の強化につながり、また現地の情報収集とマーケティングの機能を主とした成長戦略の立案力と実行力を強化することが出来た。今後、既進出した事業に対してのさらなる事業拡大のための経営面での支援をし、水関連事業等の新規進出する事業では既進出した事業のノウハウを共有し、クボタグループの総合力を発揮できる体制を構築し、中国市場での売上を1,000億円を超えるレベルまで早期に拡大させる」ことを目指している。[12] 中国での代表的な実績は、2011年から運営開始した江蘇省某製紙場の改造プロジェクトにクボタの液中膜を採用し、処理能力は9,000m³/日である。本プロジェクトはクボタによる中国で最大の工業廃水 MBR 法処理プロジェクトである。2012年から運営開始した江蘇省の市政汚水処理場はクボタの液中膜を採用し、処理能力は20,000m³/日、本処理場は中国で液中膜を用いた MBR 法で最大規模の施設である。[10]

6.5.4 三菱レイヨンの展開過程

　三菱レイヨン株式会社は1950年に設立された、合成繊維・合成樹脂メーカーであり、「精密ろ過膜」の製造大手であり、水処理事業の主要製品は中空糸膜である。[13] 三菱レイヨンの主要膜製品である中空糸膜は主に「産業排水処理設備や下水処理場や浄水処理場、発電所のタービン復水ろ過装置、病院手術用無菌手洗いなどで使用され、産業と医療分野」で幅広く使用されている。[13] 三菱レイヨンは2012年に、現地企業の北京碧水源科技股份有限公司（オリジン社）と合弁会社「無錫碧水源麗陽膜科技有限公司」を設立し、中国市場の下排水処理用の中空糸膜の製造と販売および膜エレメント加工と販売を行い、[10] 中空糸膜を使用した MBR 法のシステムを柱に事業を展開している。[13] 一方、オリジン社は、三菱レイヨンの中空糸膜の販売先企業でもあり、膜使用の実績は豊富で、また中国国内での大型 MBR 法案件受注力は高い。中国における代表的な実績は、2013年から稼動した中国江西省宜春市内に染色工業団地汚水処理施設（処理能力は35,000m³/日）である。[10]

6.5.5　日東電工の展開過程

　日東電工株式会社は1918年に設立され、「粘着テープなどの包装材料・半導体関連材料・光学フィルム」などを製造するメーカーである。[14]日東電工グループは自社の基幹技術である粘着技術や塗工技術などをベースに、エレクトロニクス業界や、自動車、住宅、インフラ、環境および医療関係などの領域で、事業のグローバル展開をしている。[13]日東電工の水処理事業の主要製品は、海水淡水化や、排水の再利用など水資源保護のためのろ過膜である。日東電工では、「分子設計技術、高分子合成技術、製膜技術、膜モジュール化技術、さらにシステム設計技術、分析技術」を組み合わせながら、自社の膜分離技術を発展させてきた。[14]日東電工は、1987年に世界的な水関連のコンサルティング会社などと繋がりが深いアメリカのハイドローティクスを買収し、傘下に置いた。これにより、日東電工は低エネルギー用の膜や大流量向けの大口径の膜を開発し、ハイドローティクスを活用して世界展開を図っている。[10]日東電工は、中国市場では1995年から事業展開を開始しており、北京市、上海市、済南市、広州市、鄭州市の5つの都市でオフィスを構え、ハイドローティクスは2002年4月に同社が中国で対中展開を行う設立した完全子会社である日東電工（上海松江）有限公司にハイドローティクスブランドの逆浸透膜モジュールの組み立て、生産の権利を授与し、同社は中国で初の膜の組み立て・生産を実施した海外膜メーカーとなった。[10]中国での代表的な実績は、2009年から稼動した中国天津市向けの中国最大級の海水淡水化施設に対する海水淡水化用逆浸透膜 "SWC5" の大型物件の受注である。[10]日東電工は上海市松江に逆浸透膜の組み立て工場とセールスオフィス＆テクニカルサービス拠点を中国全土に5ヶ所配置している。[10]

6.6　中国市場進出における日本水処理膜メーカーの事業展開と課題

6.6.1　中国市場進出日本膜メーカーの事業展開

　中国で水処理膜事業を展開している日本の膜メーカー5社の各要項を表6-2に示す。

　日本の五大水処理膜メーカーでは、日東電工は1990年代から中国水処理市場

に進出し始め、他の4社は2000年代以降に進出した。各社は中国の市場ニーズを的確にとらえ、自社の競争優位性が高い主力製品を重点に展開している。

　5社の中国市場において展開している水処理膜製品は主に産業用純水製造、海水淡水化、下廃水再利用などの用途領域がある。

　販売面では、各社とも、現地会社を設立する前は、日本の商社を通して製品を輸出販売していた。現地生産を始めてから、直売または代理店経由で顧客に販売している。経営方式においては、5社共に中国事業を担当する中国に営業拠点・研究開発拠点を作っており、東レとクボタと三菱レイヨンの3社は現地会社と合弁会社を作り、旭化成と日東電工は現地に完全子会社を作って拠点としている。

　研究開発面では、5社とも水処理膜の基幹技術の研究開発の拠点は日本国内に置いている。中国市場のニーズを正確にとらえ、中国向けの製品・サービスを提供できるように、現地に応用開発の拠点を作っている。

　東レは独立した水処理研究所を設立し、水処理技術研究を進めている。旭化成、クボタの2社は現地会社の中に研究開発部門を設立して中国市場向けの製品開発を行っている。

　三菱レイヨンは、中国の清華大学と共同で研究所を設立して研究開発している。日東電工は中国国内に研究拠点を持たない。三菱レイヨンは、中国での産業排水に有効なMBRを中心とする排水処理技術の確立を目指している。浙江清華長三角研究院との共同研究を図り、「浙江清華長三角研究院— MRC膜分離水処理技術研究センター」を浙江省に設立した。[13] 三菱レイヨンは本研究センターで、「中国での水環境面に課題である染色、養豚、製薬など産業排水の処理」に関する研究開発を行っている。また本研究センターにおいて「中国市場に最適化した濾過材料、浄水器を開発」することにより、家庭用浄水器「クリンスイ」事業の中国での展開の強化を目指している。現地でのパートナーの選択では、東レは国営企業中国化工傘下の藍星集団と水処理膜製品の製造・販売および輸出入を行う合弁会社を設立した。[12] 藍星集団の傘下に中国最大の水処理エンジニアリング会社があり、中国国内で「廃水の再利用と海水淡水化の事業」を積極的に行っている。[13]

表6-2 中国で事業展開中の日本の主要膜メーカー5社の比較

	東レ	旭化成	クボタ	三菱レイヨン	日東電工
1. 主要製品（太文字は主力製品）	RO/NF, UF/MF, MBR	UF/MF, MBR	MBR	MF, MBR	RO/NF, UF/MF
2. 用途	海水淡水化、純水製造、下廃水再利用	浄水処理、下廃水再利用、RO前処理	下廃水再利用	下廃水再利用	海水淡水化、純水製造、下廃水再利用
3. 現地生産会社	中国北京 藍星東麗膜科技（北京）有限公司（2009）	中国杭州 旭化成分離膜装置（杭州）有限公司（2005）	中国安徽 久保田国楨環保工程科技（安徽）有限公司（2011）	中国江蘇無錫市 無錫碧水源麗陽膜科技有限公司（2012）	中国上海市 日東電工（上海松江）有限公司（1995）
4. 販売ルート	日本→商社→中国顧客 現地→中国顧客	日本→商社→中国顧客 現地→中国顧客	日本→商社→中国顧客	日本→商社→中国顧客	日本→商社→中国顧客 現地→中国顧客
5. 研究開発	中国上海 東麗先端材料研究開発（中国）有限公司 水処理研究所	旭化成分離膜装置（杭州）有限公司	久保田国楨環保工程科技（安徽）有限公司	中国 浙江清華長三角研究院 MRC膜分離水処理技術研発センター	無し
6. 現地技術サポート	現地スタッフ 顧客対応迅速	現地スタッフ	現地スタッフ	現地スタッフ	現地スタッフ
7. 現地企業タイプ	合弁会社 中国藍星集団50% 投資有限東麗（中国）投資有限公司10% 東レ株式会社40%	外資企業	合弁会社	合弁会社 三菱レイヨン51% オリジン社49%	外資企業
8. 現地パートナー企業	中国藍星集団	無し	安徽国楨環保節能科技股份有限公司（1997）	北京碧水源科技股份有限公司（2001）	無し
9. プラントビジネスの関与	無し	BOO方式（Build Own Operate）	主に産業排水再利用向け	O＆M（運用・管理）	無し

クボタは安徽国禎環保節能科技股份有限公司と中国向けの MBR のプラント
エンジニアリングと膜装置の製造・販売を行う合弁会社を設立した。安徽国禎[11]
社は中国の大手水処理エンジニアリング企業であり、中国国内に10ヶ所の営業
拠点ネットワークを有し、また下水処理場の設計・調達・建設までのエンジニ
アリング面でのノウハウも有する。したがって、クボタはこの合併会社に自社
の水処理膜技術を導入する一方、安徽国禎社の中国での営業ネットワークとエ
ンジニアリングなどのノウハウを活用し、クボタの中国における水処理事業の
早期立ち上げに繋がる[12]。

　三菱レイヨンは北京碧水源科技股份有限公司（オリジン社）と下排水処理膜
用中空糸膜の製造・販売および膜エレメント加工と販売を行う合弁会社を設立
した[13]。オリジン社は、中国の大手水処理エンジニアリング企業であり、三菱レ
イヨンの膜技術主要製品である中空糸膜の顧客エンジニアリング会社としての
実績を有し、また中国国内では大型 MBR 案件での高い受注力を有する。した
がって、三菱レイヨンはこの合弁会社に自社の水処理膜技術を導入する一方、
オリジン社の MBR 案件の受注力と膜販売力を活用し、三菱レイヨンの中国
MBR 市場でトップシェアの獲得に繋がる。また、三菱レイヨンは、「現地生
産によるコスト競争力と地産地消の優位性から、膜技術の提供だけではなく、
水処理施設の維持・運営・管理システムなど、幅広い水処理事業の展開」をし
ている[13]。水処理プラントビジネスの関与では、東レと日東電工は膜製品の納品
を行っているので、中国でのプラントビジネスの関与は今のところない。

　旭化成は中国で BOO 方式でのプラントビジネスを行っている[10]。クボタは中
国で主に産業排水再利用向けのプラントビジネスを行っている[12]。三菱レイヨン
は中国で O&M 方式でのプラントビジネスを行っている[13]。

6.6.2　中国市場に進出している日本各膜メーカーの課題

　日本の膜メーカーの強みとして挙げられるのは、世界でトップクラスの水処
理膜技術力と競争力を有していることである。海水淡水化および下廃水再利用
では、日本企業が世界シェアの５割以上を占めている。しかも、海水淡水化で
の脱塩率の高さ、ポンプの消費電力低減に繋がる透水性の高さなどで競争力を

94

有している。中国で水の需要が増大しており、需給の差が大きくなることや水源地が汚染されている水事情が起きていることから、日本の膜メーカーの強みをビジネスとしてこれらの問題解決に貢献することが期待される。

　一方で、日本の膜メーカーは中国市場で展開する上で、いくつかの課題に直面する。まず、膜メーカーの採算性の低下への懸念が強いことが挙げられる。この背景には、量産による製造コストの低下ならびに製品価格低下は見られるものの、近年、中国の現地膜メーカーの成長が著しく、膜製品の価格競争が一段と激しさが増す見込みである。

　日本の膜メーカーは技術的な優位性を背景に中国市場のシェアはある程度維持しているが、コスト競争力の強化が重要な課題の一つである。また、日本の膜メーカーにとっての主要顧客は日系企業が競争力を有する機能水製造装置メーカーから初期受注できるが、水ビジネスではエンドユーザーと直接契約を結ぶことが多い運営・管理企業が強い主導権を有することから価格低下圧力は強い。水処理膜には使用寿命があり、RO 膜は 3 年から 5 年で交換が必須であるので、交換時に契約を再受注できるのかは不透明である[10]。他には、膜単体の技術のみでは受注確保が困難な状況で、異なる膜技術の組合せ、例えば、MF 膜 + RO 膜、MBR + RO 膜などの統合的な膜処理システム IMS（Integrated Membrane System）の開発が求められている。最後に、海水淡水化や排水再利用事業では運営・管理企業やプラントメーカーによる造水コストの低減が求められている。つまり、水処理膜の性能やコストのみならず造水プロセス全体におけるコスト低減の面でも提案が問われ、受注確保に左右する。したがって、今後、膜メーカーは、膜の提供にとどまらず、長期的・安定的な収益確保の為、展開する事業領域を広げることが必要になる。

　中国の水ビジネス市場は、多額のインフラ投資が見込まれており、水関連市場開放も進められ、中国国内と海外の水関連企業にとっては、大きなビジネスチャンスにもなっている。日本の膜メーカーは早くから研究開発を始めており技術力や市場の競争力共に世界的に優位な位置にあり、その中でも、海水淡水化用逆浸透膜については東レ・日東電工・東洋紡の 3 社が高いシェアを持ち、3 社の合計は世界の約 7 割を占めている。しかし、近年は現地の中国の膜メー

カーも成長し、市場の外資系企業に対する参入障壁も高いことなどから、現状では中国企業が市場の8割を占めている。

東レとクボタと三菱レイヨンは現地会社と合弁会社を設立した。共通するのは現地のパートナー選びでも中国の同分野で大手エンジニアリング企業である。旭化成と日東電工は現地に完全子会社を設立した。また各社共に中国の市場ニーズを的確にとらえており、自社の競争優位性が高い主力製品を重点に展開しており、中国向けの製品・サービスを提供できるように、現地に応用研究開発の拠点を作っている。

日本の膜メーカーは中国市場で展開する上で、いくつかの課題に直面している。①膜製品の価格競争による膜メーカーの採算性の低下。②エンドユーザーと直接契約を結ばないので膜の交換時の再受注が不透明。③膜単体の技術のみでは受注確保が困難で、異なる膜の組合せ能力が求められる。④水処理膜の性能やコストのみならず造水プロセス全体におけるコスト低減が求められ、膜の提供にとどまらず、長期的・安定的な収益確保するために事業領域を広げることが必要。したがって、日本の膜メーカーが中国市場で展開を推し進めるためには、現地ニーズと自社能力に適した研究開発・生産・販売など総合的な戦略を立て、強化することが重要であろう。

6.7 節水型都市構築のための国際水安全協力事業の展望

「節水型都市」の構築には一国単位にとどまらない「連携」が必要である。この前提に基づきながら気候変動への戦略的適応策として節水型都市を考えていく一つの方途としては、先進国の都市用水を中心とした節水政策のベストプラクティスの検討が有効である。都市圏における人口爆発の影響を受けやすい発展途上国の水資源管理状況は、供給サイドが有する技術や制度の遅れ、需要サイドにおける節水対策や個々人の意識形成の遅れといった、供給・需要の両サイドを横断した複合的な問題に直面しており、まさに危機の真っただ中にあるといっても過言ではない。そこで、「気候変動」、「都市」と「渇水」を主たるキーワードとして、日本と中国の節水型都市構築に関する取り組みを比較・

6　中国の水問題と国際水環境協力

検討するという考察作業を通じて、「国際水安全協力事業」の展望を考えることが重要である。

　本節では、節水型都市の先進事例としての福岡市における取り組みを、中国の鄭州市における節水型都市の取り組みと比較・検討した。

　福岡市の水政策は、需要・供給のコントロールに優れている特徴がある。これは1978年と1994年に発生した大渇水への適応策とその経験といった点に端を発しているが、このようなシステム構築の経験は、水資源問題に悩む諸外国にとっては先進的な事例として、多くの価値を有していると考えられる。それは、単なる過去の節水型都市の様式づくりを学ぶだけでなく、日本の経験を諸外国に応用する可能性が関係諸外国の節水に繋がり、日本社会の水の安全保障問題とも深い関係を持ってくるであろう。

6.7.1　福岡市における1978年・1994年の大渇水への対応

　節水型都市構築の先進事例の一つと位置づけられる福岡市では、1978年度に降水量の低下を原因とした異常渇水が発生し、これを端緒として節水に関する積極的な取り組みを今日に至るまで継続している。1978年の渇水の際には、287日に及ぶ給水制限を実施し、「弁操作」、「共用栓による給水」、「外部からの船舶による応援給水」などを主体とした適応策を実施した。同時に、緩和策として、①主要配水幹線の接合、②配水調整バルブの設置、③加圧ポンプの増設、④幹線流量計の設置、⑤管末水圧値の把握などの情報収集、⑥標高を考慮したブロック化を実施した。

　1994年には年間降水量が1,163mmと少雨の傾向が続き、夏期（6〜8月）の地域平均気温が西日本から東日本までの多くの観測点において戦前戦後を通して最も高い高温を記録した異常気象の影響を受け、地域によっては降水量が例年の半分以下に落ち込み、全国の都市において大規模な渇水被害が発生した。水道用水による減圧または断水などの影響を受けた人数だけでも1994年12月末までに全国で約1,583万人に達し、[15] このような家庭用水と都市活動用水の被害だけでなく、工業や農業分野においても大規模な経済的被害が発生した。特に、九州北部、瀬戸内海沿岸や東海地方を中心に上水道の供給が困難となり、

97

給水時間中の供給量の確保も危ぶまれる状況が発生し、福岡市も例外なく1978年の経験を活かしながら渇水被害への対応に取り組みを実施している。

　過去の適応策における経験と未来を見据えた緩和策をベースとした対応は、数多くの苦難を伴ったものの、結果としては成功であった。その要因としては、①高い節水意識、②水の有効利用に必要な給水技術と水資源開発を挙げることができるが、最終的には③需要サイドを基軸とした節水意識向上という「節水型社会」構築への地道な取り組みの効果が大きかった。

　1994年の渇水被害の際に、福岡市は7月20日に渇水対策本部を設置し、給水圧力を23%減圧することを決定し、同時に500m³/月以上の大口需要者に対して10%の節水を要請した。8月4日には、福岡市のダム貯水率が51.9%となったため、減圧給水を実施し、7割の世帯に6時間給水（午後11時～翌朝5時）を開始した。さらに、8月19日には全地域に6時間にわたる断水を実施した。給水制限と併せて、8月23日からは筑後川の取水制限を全体平均の63%へと強化し、9月1日には12時間断水へと給水制限を強化している。9月22日には、福岡市のダムの1つである「曲渕ダム」（貯水率48.18%）に対して、室見川の農業用水の一部を最大25,000m³/日の割合で水道用水に転用するという緊急対応が実施した。だが、9月27日にはダムの貯水率が平均23.1%までに落ち込んだため、日量150～200m³の取水が見込める市内4ヶ所の深井戸の使用を検討し、1978年に試掘した井戸の調査を開始している。その後、10月3日にダムの貯水率が27.3%に回復したことが大きな転機となった。この貯水率の場合、日量32.3万m³の給水で済めば1ヶ月以上は持ちこたえられるという計算結果が出たからである。さらに、10月26日にはダムの貯水率が29.1%までに回復し、12時間であった断水時間が8時間に緩和された。また、給水率も気温が下がった影響もあり、9月半ば以降は日量32.3万m³台の数値を維持し、12月28日から1995年1月4日までの年末年始期間には特例的に断水解除が実施できるレベルに達した。だが、降水量の増加に伴うダムの貯水率増加が叶わず、最終的には1994年8月4日からダムの貯水率が68%にまで回復した1995年5月31日までの295日に及ぶ給水制限となった。このような危機的状況を乗り越えた主たる要因は、①ダムの貯水率が高いうちに断水を開始し、②節水意識の高揚などの予防

的要素を持った対策を実施した、ということが大きい。[15)]これには過去の287日に及ぶ給水制限に遭遇した経験が活かされている。

　1978年の渇水被害を経て、福岡市は自らの水資源管理のリスク要因を分析し、供給と需要の両面にわたって対策を講じてきた。供給面では、それまでの水源が渇水期に干上がりやすい小河川の特性を考慮した上で、給水量を確保するために7つのダムを建設し、筑後川の水を供給する「筑後川導水事業」を1983年に完成させている。さらに、需要サイドにも渇水の教訓を活かした節水対策の推進を促し、1979年には「福岡市節水型水利用等に関する措置要綱」を制定し、市民・事業者・行政が一体となった節水システムの構築の試みを展開してきた。それらは、節水機器の高い普及率を生み出すだけでなく、水道用水だけでなく工業・農業用水の合理的使用も併せて、100,000m³/日の給水能力を持つダムに匹敵する節水を可能としている。

　上記の事例を水の安全保障の実現という観点から見た場合に重要なポイントは、1994年の渇水被害への対応というものが、その場における状況判断だけでなく、過去の危機を克服した経験を社会的な集合知識として供給と需要の両面に反映させた結果であった点にある。そのため、「福岡市方式」といわれるほどの節水システムの徹底は、需要サイドを巻き込んだ意識的な節水効果を生み出すベスト・プラクティスの一つと位置づけられることが多い。このような対応事例は同時に、都市自身が抱える水資源管理の厳しさを浮き彫りにしている。確かに、水資源の限界という問題と常に向き合う都市を節水型とするためには、「供給サイド」と「需要サイド」の双方に対する適応策、さらには緩和策の構築が重要である。供給サイドの資源供給技術を発展させることは、適応策としては有効であるものの、実際に危機が発生した時の対策までを考慮した場合には、需要サイドを視野に入れた緩和策までを平時から準備しておく必要があるということである。特に、都市における流動人口などを検討しながら、節水政策を定着させることは数々の困難を伴う。そのような点から見れば、1978年以降に節水意識が下落傾向にあった状況を立て直し、現在に至るまで高い水準を維持している福岡市の施策には学ぶべき点があると考えられる。その取り組みの開始から30年が経過し、節水システムの社会的成熟と定着を迎えて

いるが、単なる先端的な事例という位置に甘んじることなく、さらなる発展と変革が求められている。

6.7.2　鄭州市における「節水型社会建設」

　中国河南省の省都所在地である鄭州市は、河南省における政治・経済・文化の中心地であり、黄河の南岸に位置している。総面積は1,010.3km²であり、総人口は約290万人で、中国国内における鉄道ターミナルの一つを担い、重要な商業貿易指定都市となっている。また、黄河の地表水ならびに地下水を水源として、水資源を確保している。黄河エリアにおいては、洪水、汚染、渇水、断流や大量の土砂流入による河床の上昇などの災害が絶えず発生しており、絶対的な資源量の不足という問題に直面している。また、鄭州市では黄河水源からのゲートウェイの役割を果たしてきた西流湖が水質汚染によって飲用不可となり、量的不足に追い打ちをかける事態が発生している。これらの背景には、汚水処理技術、水資源管理体制の整備が鄭州市の経済発展とそれに伴った人口増加のスピードに追い付かず、絶対的な資源量の不足をさらに加速させる汚染が深刻化している問題がある。そのため、2005年から中国政府によって「鄭州節水型社会建設」という節水型社会構築政策の対象となっている。また、日本との共同事業として独立行政法人国際協力機構による「節水型社会構築モデルプロジェクト」が2008年から開始され、前述した福岡市水道局を中心とした先進事例からの総合的な技術指導と制度改善が展開されている。[16]しかし、このような鄭州市における節水型社会構築の試みは、未だに成熟の段階には達しておらず、その問題点をベストプラクティスとしての福岡市の施策と比較・検討した上で整理すると、次のようなカテゴリに分類をすることが可能である。

　第1のカテゴリは「インフラ整備上の問題」であり、これは水資源の供給施設の劣化、不十分な設備による水資源の無駄使いなどを挙げることができる。供給施設とそれを支える各種のモジュールの劣化による損害が大きく、2010年度には水道管の老朽化による大量漏水事故の発生が目立った。特に、2010年6月24日には東周水場における水道管の破裂により、鄭州市東区に居住する30万人が3日間にわたって影響を受け、11月17日には柿園水場で同種の事故が発生

し、市内の80万人が生活用水に影響を受けた。また、同月22日には白廟水場における水道管の破裂によって、約120km²で給水の停止が発生している。

第2のカテゴリは「資源管理上の問題」であり、これは過度な地下水の汲み上げ、汚染物質浸透による地下水の汚染などを挙げることができる。ただし、1999年に「節水型都市指導組」を設置したこともあり、水資源環境の持続不可能性への危機感とそれに対する一定の対応を完全に怠っていたわけではない。少なくとも、節水型都市指導組の設置といった萌芽的な取り組みなどの存在もあり、鄭州市は中国国内初の「節水型都市」の指定を2003年に受けており、2005年には国家水利部によって「節水型社会建設試験都市」（全6都市）の一つに指定されている。そして、同年9月には「鄭州市節水型社会建設企画」を発表し、本格的に水道行政への取り組みを開始している。この計画では、これまで手つかずであった地下水の管理に着手し、①「地下水水圧の管理の強化」、②「地下水の安全検査の強化」、③「緊急時の給水能力の向上」、④「マネジメントレベルの向上」という地下水に関する課題設定を行っている。しかしながら、中国における環境政策全般にいえることだが、机上の政策設計における課題設定と現実の問題解決プロセスのレベルが必ずしも比例しているとはいえない状況にある。

第3のカテゴリは、「管理体制上の問題」であり、これは組織経営上の問題であると言い換えることができる。具体的には、権限が分割され、一元的な管理部門体制が実施できないという点にその問題の源泉を求めることができる。

6.7.3 福岡市と鄭州市の節水型社会構築の比較

鄭州市における節水型社会構築のための取り組みが抱える問題点を、先進事例である福岡市と比較・検討した結果は、表6-3のように整理することができる。両者の明確な相違点は、1978年以来の渇水危機という問題とその解決を起点として、供給・需要サイドの両面から多様なモジュールを展開し、技術的な成果物も展開ができている福岡市に対して、鄭州市は机上の政策を理論的に検討した段階にとどまっているという点に求められる。しかしながら、現実には老朽化した設備の更新や体系的なモニタリング・データの蓄積などを行い、

それを司る一元的な組織体系を作るなどの山積する課題に直面しているということもあり、これらの問題点を鄭州市当局の不備だけに帰するのは、現実の問題解決という点から見ればふさわしい結論ではない。むしろ、このような状況は、前述したように都市の水資源環境の安全が、もはや一国の都市内で維持できないことを示しており、そのための水安全協力事業がどのようにできるかを考察することが、最も求められる課題であるといえよう。

　節水型都市構築に関する福岡市と鄭州市の国境を越えた水安全協力事業の可能性に関する考察を行った。その結論は、考察において導き出された問題カテゴリに当てはめ、以下のように述べることができる。

① 「インフラ整備上の問題」　中国における土木技術の不足から来る漏水などのトラブルに対応するため、基礎コンクリート打設を必要としない「高耐圧ポリエチレン管」などの積極導入が必要となる。コンクリート打設などの高度な資材と現場監理のコンビネーションを必要とする土木技術は、先進国においては所与の条件であったとしても、発展途上国や新興国と位置づけられる中国においては、常に入手可能な手段とすべきではない。高耐圧ポリエチレン管のように日本において多くの実績を有した、モジュール単位での輸出が可能なインフラ構成要素を積極的に導入すべきである。このようなモジュール単位からの給水安定化への貢献は、単なる一時的な貨幣価値だけでなく、設置方法などの指導による海外への水ビジネス展開と現地の水安全向上に資する可能性があるといえよう。

② 「資源管理上の問題」　地下水を保護するためにも、単に資源使用を制約するだけでなく、揚水地域における水利権の調整が必要となる。このためには、江戸時代から水利権調整に長けた日本の歴史的経験が課題抽出と整理に役立つ可能性があるといえる。そもそも、河川における流域管理手法である統合的水管理が提起される以前から、日本では複雑な地域の水利権調整がコミュニティ単位で実践されてきた。ゆえに、そのような古典的な歴史的知識を新たに見直し、教育研修に関するコンサルティング・パッケージとして展開することも検討すべきである。

③ 「管理体制上の問題」　法整備と統括組織整備の面において、中国と日本

6　中国の水問題と国際水環境協力

表6-3　福岡市と鄭州市の節水型社会構築の比較

項目	福岡市	鄭州市
有効率	97.6%［2008］	不明
水マネジメント	あり （配水コントロール・システムの稼働）	あり （机上の段階であり、実際のシステムは稼働せず）
老朽管の整備	あり	あり （未だに初期段階を脱していない）
漏水防止	あり （漏水率2.3%［2009］）	あり （水道水会社のみの漏水率は18.77%［2009］）
雑用水利用	あり	あり （現段階の産業を中心としている）
節水器具の普及	あり （蛇口普及率95.8%［2008］）	あり （2009年に75%）
市民節水意識の高揚	あり	あり
水源の保護	あり	不十分 （計画の段階のみで実際の保護は道半ば）
地下水の保護	課題は多いが、地下水対策委員会が現状把握ならびにモニタリングを実施している	計画では保護されているが、現実には未保護エリアが多い

　の制度比較による課題抽出、政策整備条件の提示が求められる。さらに、「送水圧制御ノウハウ」をコンサルティング・パッケージとして提供することにより、疲弊する日本の自治体が自ら将来の人材・設備投資費用を稼ぐ能力を養い、中国の水資源管理にも資するという一石二鳥の効果を狙うべきであると考えられる。

　水安全協力事業は、既に「先進する日本が与える」というスタイルから変化が発生しつつあるだけでなく、このような国際的な協力事業が自分たちの水サービスを発展させるために必要な資源の獲得にも繋がる点を指摘として纏めた。日本の水道資産も更新に必要な資金額が2020年を目安にピークに達するため、耐用年数が過ぎれば、日本も中国が直面するような問題に直面する恐れがあり、現在の鄭州市の苦悩は一歩間違えれば日本の未来となりかねない。な

お、今後の課題としては、「水ビジネス」を上記のような視点と接合させながら、「国際水安全協力事業」としてどのように展開が可能かという可能性を検討する必要がある。

6.8 中国・崇明島の生態系モデル都市と水管理

崇明島は揚子江河口に位置し、行政区としては上海市崇明区および江蘇省海門市、啓東市に属する。世界最大の沖積島であり、面積は約1,225km²、東西約80km、南北約15km、約90％が海抜3m〜4mという平らな島である。崇明島は世界有数の生態的価値を有する島であり、2002年1月にはラムサール条約（特に水鳥の生息地として国際的に重要な湿地）の条約登録地となった。上海市政府は2010年1月に崇明島を生態環境に配慮した島にすることを目指して「崇明生態島建設綱要（2010-2020）」を発表した。崇明生態島建設計画では低炭素社会の実現に向け、①低炭素コミュニティの建設、②低炭素農業の発展、③新しい観光発展モデルの探求を目標としている。[17] 本節では、崇明島の生態系モデル都市、水管理と水質保全マネジメントの課題に焦点を当て、持続可能な開発のあり方を検討する。

6.8.1 崇明島の環境と開発

崇明島の主要な土地利用は農業生態系であるため、崇明県は上海市民のための農産物の最も重要な供給基地として位置づけられる。さらに、広大な天然湿地が海岸線に沿って存在し、海岸浸食防護、水質保全、水質浄化、漁業資源そしてリクリエーション・サイトのような、貴重な生態系サービスを提供している。特に、東灘湿地には63種類の魚のために重要な放卵とえさ場があり、アジアーオーストラリア渡り鳥の越冬の立地環境・生育地・生息場所としての機能をも有するなど世界的に注目され、高い経済的価値を有する水棲動物が存在する肥沃な場所である。

崇明島の地域住民は長年にわたって上海経済の景気から恩恵を受けず、農業・漁業を中心として産業が形成され、第2次産業、第3次産業の発達は見ら

れなかった。[18) 19)] 特に、崇明島は揚子江によって囲まれて孤立しており、その結果として交通が不便であり経済発展を阻害する要因であった。2009年に上海揚子江橋が完成し、交通問題は一挙に解決された。交通アクセスの改善により、若年層の住民が上海市へ移住または通勤するように変貌した。それは崇明島における地域労働力の喪失の要因ともなり、崇明島の総人口約70万人の約75％が農業部門の従事者となった。[20)] 崇明島の観光産業は貴重な収入源であり、その重要性は近年ますます増加しつつあるが、崇明島における観光開発は生態的価値を損なう側面を有するという課題も残している。[21)]

　崇明島を国家生態モデル地区として建設する中国中央政府の指示に従って、上海市政府はこの先進的な精神を受諾し崇明島を「生態島」として建設することを決定した。一連のパッケージ計画が定式化されて、そして、崇明島の持続可能な未来を達成することに対して、実行された。しかしながら、それらすべての計画は開発の方向性を示すものであり、生態計画、水管理と低炭素社会の観点から、実行可能な計画の策定が必要である。

6.8.2　崇明島の生態計画

　崇明島は上海市から比較的孤立した位置にあるため、生態系サービスを享受する地域が残っており、それが上海の将来の持続可能な開発の戦略的な後背地として位置づけられる。2005年に上海市政府により策定された崇明島のマスタープランにおいて、崇明島の最終目的は美しい景観、自給自足の都市機能、持続可能な開発という目標を実現するため、次の3段階の計画が策定された。

①短期計画：2005年までに暫定的な生態島の建設計画の骨子を確立

　　重要な生態的機能地域が効果的な保護を受けるために、生態建設と環境保全を強化する。グリーン経済に向かって産業構造転換を調整し、そして地域住民の生活の質を改善するためのインフラストラクチャーを建設する。

②中期計画：2010年までに生態島の開発の輪郭を達成

　　生態資源の利点に最大限の役割を与えるために、産業構造の調整を加速化させ、地元住民の福利を大幅に改善する。

③長期計画：2020年までに生態島を実現する

表6-4　崇明島の生態機能区分

地域の機能	主要な生態機能	生態機能関連産業
西部地域：水生態ツーリズムと港湾物流管理	経済・観光センター	水ツーリズム、港湾物流管理
中西部地域：生態農業	農業基盤	現代的生態農業
中北部地域：森林生態ツーリズム	豊富な資源	生態農業とツーリズム
中南部地域：都市地区、生態産業公園	現代的都市、グリーン産業と快適な生態環境	都市建設、生態農業公園第三次産業
中東地域：生態農業	生態農業公園	グリーン産業と農業小街区建設
東部地域：港湾物流管理サービス、湿地生態ツーリズム	経済基盤、豊富な自然景観	港湾物流管理エコ・ツーリズム
東部地区：砂浜、自然保全	重要な自然保全と生態的に貴重な地域	生態的景観の維持管理

　産業、生活、調和のとれた環境、多様な生物種、豊かな景観からなる生態環境を実現するため、崇明島生態計画では、1つの自然の禁猟区地域とともに6つの生態学機能的地域に分割された（表6-4）。生態建設と環境保全は島全体計画のための開発の原則であり、住みやすい生態・環境そして持続可能な開発により崇明島は上海市に接続した国際的な生態島へと発展する。

6.8.3　崇明島の水管理

　崇明島の主要な水需要は農業部門であり、揚子江から崇明島への取水や配水の水路は今日では10,000ヶ所を超える。揚子江からの流入水のため、崇明島は水量の点では豊かである。しかしながら、塩水の侵入と汚染物質排出のために、水質が常に深刻に影響を受けている。崇明島の南西部に位置するDong-feng Xisha貯水池が崇明地区に安定して水を供給し始めため、2014年3月よりその影響は大きく軽減されている。

　崇明島における飲料水補給状態はほぼ100％である。

　崇明島には2つの主要な水浄化プラント（ChenqiaoとChenjiazhen）と30ヶ所

以上の中規模の水浄化施設がある。2015年までに、すべての小さな水浄化施設が恒久的に閉鎖され、主要な浄化施設（BuzhenとChongxi）となった。給水の総容量は200,000m³/日に達し、それは崇明島の総人口に十分に対応できる。同時に、中心的地区の分配管の75％が置き換えられなければならない。これらの関連施設が20年前に建設され、その後の維持更新により水質は安定し、漏水問題も解決されている。近い将来、1つの大きい貯水池と4つの主要な浄水施設から構成される集中給水システムの完成により、崇明島における家庭用水と商業用水において、飲料水の安全を保証される。

　下水処理について、総量の約83％が4ヶ所の集中下水処理施設（Chenqiao, Xinhe, Buzhen, Chenjiazhen）と11ヶ所の中規模の処理施設によって処理されているが、150,000ｔ/日の約1/5が未処理・未管理で排水されている。その上、技術的・財政的能力の欠如により、操作と維持管理は十分ではない。さらに、農村部の多くの水路の流動性は低く、それは結局水質の悪化に繋がる。明らかに、水処理施設とシステムの導入と改良は崇明島における望ましい水環境の保全と復元にとって不可欠である。崇明島水利局の第12次五ヵ年計画において、集中下水処理システムの範囲は2015年までに80％に達する。しかしながら、さらにカバー率を増やす必要があるならば、分散型浄化槽システムが考慮に入れられるべきである。これらの離れた農村部に対して浄化槽と人工湿地は、費用効果的な代替施設であろう。中央区域から離れた幾つかの上級で低密度のリゾート集団住宅では、日本で最も普及した技術である浄化槽の採用が効果的であろう。基本計画に従って、崇明島の土地利用は多様である。さまざまな技術を組み合わせた下水処理システムを導入することが重要である。低炭素社会の建設は生態島基本計画における最も核心的な課題であり、それは水利用システムにおける省エネルギーを必要とする。雨水利用システムと水節約施設の導入が推奨される。

　第2に、再生水と再利用は、水需要の減少を達成するためのもう一つの代替手段でもある。

　再生水システムを設計する場合、MBR法のような先進的な処理技術が活用できるので、排水状況、運転コストとエネルギー消費量が考慮されなければな

らない。

　その上、技術と上に述べたシステムの結合は水とエネルギーの課題を解決する効果的な解決法を提供するであろう。さらに、地域住民の水処理コスト負担に対する不満が存在しており、関心を有する住民の理解のための環境教育、住民の意識改革および協力は不可欠である。

　灌漑用水がおよそ2,000ヶ所のポンプ場によって直接水路から取水されるので、農業目的のための水需要は明確でない。推定のための可能な方法は農作物の種類、農作地面積、生産高に基づく水フットプリントを算定することである。公共用水環境に対する肥料と農薬の影響の調査が同じく行われるべきであるとともに基本計画に従って、集中的な農業が促進され続けなければならない。さらに、有機農業のような高い付加価値を有する農業は増加し、これは確実に農業用水管理に新しいチャレンジをもたらすであろう。建設された湿地技術を利用する水処理は、農業の非点源汚染のリスクの削減に必要とされる。

※本章は、下記の論文を基本としている。
　　仲上健一・陳暁晨・朱可為・銭学鵬・牛佳・中島淳、「中国市場における日本水処理膜メーカーの事業展開戦略」、政策科学、Vol. 22、No. 2、2015年2月
　　仲上健一・加藤久明・王新輝、「節水型都市構築のための国際水安全協力事業の展望―福岡市と中国河南省鄭州市の比較研究を基盤として―」、政策科学、Vol. 20、No. 1、2012年10月
　　NAKAGAMI Ken'ichi, CHEN Xiaochen, QIAN Xuepeng,SHIMIZU Toshiyuki, LI Jianhua, HAN Ji, NIU Jia, NAKAJIMA Jun, "Achieving Sustainable Development of Chongming Island, China", Journal of Policy Science, Vol. 9., 2015

【参考文献】
　1)　経済産業省、「水ビジネスの国際展開に向けた課題と具体的方策」、2010年4月
　2)　吉村和就、『最新水ビジネスの動向とカラクリがよ～くわかる本』秀和システム、2012年
　3)　中華人民共和国水利部〈http://www.mwr.gov.cn/〉
　4)　環境ビジネスオンライン、「中国水ビジネス市場は3年後に45.6％増と予測、規制強化で拡大」、2013年4月5日掲載〈https://www.kankyo-business.jp/news/004562.php〉
　5)　膜分離技術振興協会・膜浄水委員会監修・浄水膜（第2版）編集委員会編集、『浄水膜（第2版）』、技報堂出版社株式会社、2008年

6　中国の水問題と国際水環境協力

6)　経済産業省、『我が国水ビジネス・水関連技術の国際展開に向けて─「水資源政策研究会」取りまとめ─』、2008年

7)　一般社団法人浄水器協会ホームページより〈www.jwpa.or.jp/kyokai.htm〉

8)　産業競争力懇談会、「水処理と水資源の有効活用技術【急拡大する世界水ビジネス市場へのアプローチ】」、2008年3月18日

9)　東レ株式会社〈http://www.toray.co.jp/〉

10)　鄭祥・魏源送主編『中国水処理行業可持続発展戦略研究報告』中国人民大学出版社、2013年

11)　旭化成株式会社〈http://www.asahi-kasei.co.jp/asahi/jp/〉

12)　株式会社クボタ〈http://www.kubota.co.jp/index.html〉

13)　三菱レイヨン株式会社〈http://www.mrc.co.jp/〉

14)　日東電工株式会社〈http://www.nitto.com/jp/ja/〉

15)　仲上健一、『サステイナビリティと水資源環境』、成文堂、2008年

16)　独立行政法人国際協力機構、節水型社会構築モデルプロジェクト（効率的な水資源管理）、2008年6月23日から2011年6月22日〈https://www.jica.go.jp/project/china/0702350/outline/index.html〉

17)　「人民網日本語版」、「上海、崇明島を世界レベルの生態環境島に」、2010年1月25日

18)　Yuan W, James P, Hodgson K, Hutchinson S M, and Shi C, "Development of sustainability indicators by communities in China: a case study of Chongming County", Shanghai. Journal of Environmental Management, 2003, 68: 253-261.

19)　Wang K, Zou C, Kong Z, Wang T, and Chen X, "Ecological carrying capacity and Chongming Island's ecological construction", Chinese Journal of Applied Ecology, 2005, 16 (12): 2447-2453.

20)　Huang B, Ouyang Z, Zheng H, Zhang H, and Wang X, "Construction of an eco-island: a case study of Chongming Island, China", Ocean & Coastal Management, 2008, 51: 575-588.

21)　Zhao B, Kreuter U, Li B, Ma Z, Chen J, and Nakagoshi N, "An ecosystem service value assessment of land-use change on Chongming Island, China", Land Use Policy, 2004, 21: 139-148.

■著者紹介

仲上 健一（なかがみ・けんいち）

- 1948年　生まれ
- 1974年　名古屋大学大学院修士課程修了
- 1976年　京都大学大学院博士課程中退
- 1981年　大阪大学工学博士
- 現　在　立命館大学政策科学部特任教授

主　著

『サステイナビリティと水資源環境』、成文堂、2008年
『水危機への戦略的適応策と統合的水管理』、技報堂出版、2011年

Horitsu Bunka Sha

水をめぐる政策科学

2019年3月15日　初版第1刷発行

著　者	仲上　健一
発行者	田靡　純子
発行所	株式会社 法律文化社

〒603-8053
京都市北区上賀茂岩ヶ垣内町71
電話 075(791)7131　FAX 075(721)8400
http://www.hou-bun.com/

印刷：中村印刷㈱／製本：㈲坂井製本所
装幀：谷本天志

ISBN978-4-589-03996-5
Ⓒ2019 Kenichi Nakagami Printed in Japan

乱丁など不良本がありましたら、ご連絡下さい。送料小社負担にて
お取り替えいたします。
本書についてのご意見・ご感想は、小社ウェブサイト、トップページの
「読者カード」にてお聞かせ下さい。

JCOPY　〈出版者著作権管理機構 委託出版物〉

本書の無断複写は著作権法上での例外を除き禁じられています。複写される
場合は、そのつど事前に、出版者著作権管理機構（電話 03-5244-5088、
FAX 03-5244-5089、e-mail: info@jcopy.or.jp）の許諾を得て下さい。

周 瑋生編

サステイナビリティ学入門

A5判・224頁・2600円

「サステイナビリティ」（持続可能性）の学問体系の構築と普及を試みた入門的概説書。地球環境の持続可能性という同時代的要請に応えるために、どのような政策が追究されるべきかを問う視座と具体的なアジェンダを提起する。

高柳彰夫・大橋正明編

ＳＤＧｓを学ぶ
―国際開発・国際協力入門―

A5判・286頁・3200円

SDGsとは何か、どのような意義をもつのか。目標設定から実現課題まで解説。Ⅰ部はSDGs各ゴールの背景と内容を明示。Ⅱ部はSDGsの実現に向けた政策の現状と課題を分析。大学、自治体、市民社会、企業とSDGsのかかわり方を具体的に提起。

北川秀樹・増田啓子著

新版 はじめての環境学

A5判・222頁・2900円

日本と世界が直面しているさまざまな環境問題を正しく理解したうえで、解決策を考える。歴史、メカニズム、法制度・政策などの観点から総合的に学ぶ入門書。好評を博した初版および第2版（2012年）以降の動向をふまえ、最新のデータにアップデート。

坪郷 實著

環境ガバナンスの政治学
―脱原発とエネルギー転換―

A5判・182頁・3200円

統合的環境政策を中核とする「環境ガバナンス」に関する主要な議論を政治学的観点から整理し考察。持続可能な社会の構築にむけ、統合的環境政策の理論・戦略・実践、それらの課題を包括的に検討する。

入谷貴夫著

現代地域政策学
―動態的で補完的な内発的発展の創造―

A5判・364頁・5300円

産業連関表を分析の軸に、地域経済、公共・民間、環境・社会の3つの地域循環構造の視点から地域の実態分析と政策を示す。理論、事例、学説の3部11章編成。「地域経済学の新しい成果であり、地方創生政策に代わる政策の指針」（宮本憲一氏推薦）。

―――――法律文化社―――――

表示価格は本体（税別）価格です